失效分析 150 例

李玉海　　蔡　红　　秦会常
庞瑞强　　李永建　　姚春臣　　编著

机 械 工 业 出 版 社

本书从零件材料、失效背景、失效部位、失效特征、综合分析、失效原因、改进措施等方面对150多个失效分析案例进行了介绍。主要内容包括：设计因素引起的失效13例、材质因素引起的失效20例、铸造缺陷因素引起的失效10例、塑性成形缺陷因素引起的失效32例、热处理缺陷因素引起的失效26例、焊接缺陷因素引起的失效11例、表面处理缺陷因素引起的失效6例、环境因素引起的失效5例、使用不当因素引起的失效13例、其他因素引起的失效17例。本书图文并茂，简明易懂，对提高读者的失效分析技术水平有较高的参考价值。

本书可供从事失效分析工作的专业技术人员、企业质量管理人员以及从事断裂力学与可靠性分析的人员阅读使用，也可供相关专业的在校师生、科研人员参考。

图书在版编目（CIP）数据

失效分析150例/李玉海等编著. —北京：机械工业出版社，2020.5
（2024.7重印）
ISBN 978-7-111-65169-7

Ⅰ.①失… Ⅱ.①李… Ⅲ.①失效分析-案例 Ⅳ.①TB114.2

中国版本图书馆CIP数据核字（2020）第051598号

机械工业出版社（北京市百万庄大街22号　邮政编码100037）
策划编辑：陈保华　责任编辑：陈保华　王彦青
责任校对：王　延　封面设计：马精明
责任印制：张　博
北京雁林吉兆印刷有限公司印刷
2024年7月第1版第4次印刷
184mm×260mm·13.75印张·334千字
标准书号：ISBN 978-7-111-65169-7
定价：59.00元

电话服务　　　　　　　　　网络服务
客服电话：010-88361066　　机　工　官　网：www.cmpbook.com
　　　　　010-88379833　　机　工　官　博：weibo.com/cmp1952
　　　　　010-68326294　　金　书　网：www.golden-book.com
封底无防伪标均为盗版　　机工教育服务网：www.cmpedu.com

前　言

机械装备在包括设计、加工制造、运行、维护等整个生命周期中，往往会由于设计、材料选择、制造工艺、装配质量、运行环境、负荷条件、操作等种种原因产生失效，从而降低或丧失其应有的功能。机械产品，尤其是大型设备的失效，不仅会造成巨大的经济损失和人员伤亡，还会对社会的繁荣和稳定产生重大影响，因此对机械产品进行失效分析研究，是广大工程技术人员关注的重大课题。

如何快速、准确地查找失效原因，并提出切实可行的改进措施及建议，进而完善装备，确保和提高装备的质量和可靠性，从而达到预测和预防机械装备失效的目的，是失效分析工作者的不懈追求。

本书从零件材料、失效背景、失效部位、失效特征、综合分析、失效原因、改进措施等方面对 150 多个失效分析案例进行了简练、准确的描述，并配以具有代表性的宏观形貌和微观形貌图片。本书作者都是长期从事失效分析的一线专业技术人员，书中所选的案例也均来自作者单位实际发生的典型案例。当读者遇到类似失效分析时可进行比对参考，并准确、快速地分析失效原因，进而掌握案例失效分析技巧，提高同类失效案例分析的效率和质量。本书图文并茂，简明易懂，对提高读者的失效分析技术水平有较高的参考价值。

本书在编排上摒弃了对失效分析理论长篇累牍的阐述，通过对大量典型失效件的断口、裂纹等进行宏观和微观分析，揭示了失效现象与失效机理的内在规律，用特征鲜明的图片判断不同类别的失效，通过图片对不同类型失效的机理、原因进行诠释。

本书可供从事失效分析工作的专业技术人员、企业质量管理人员以及从事断裂力学与可靠性分析的人员阅读使用，也可供相关专业的在校师生、科研人员参考。

本书由内蒙古第一机械集团有限公司的李玉海、蔡红，山东特种工业集团有限公司的秦会常，晋西工业集团有限责任公司的庞瑞强，江麓机电集团有限公司的李永建和江南工业集团有限公司的姚春臣编写。第 1 章、第 6 章、第 8 章由蔡红审阅，第 2 章、第 7 章由姚春臣审阅，第 3 章、第 5 章由秦会常审阅，第 4 章由庞瑞强审阅，第 9 章、第 10 章由李永建审阅，全书由李玉海、蔡红统稿。

在本书编写过程中得到了北京航空材料研究院的钟培道，中国兵器工业标准化研究所的丁昆、刘卫军，内蒙古第一机械集团有限公司的杨建军等同志的指导与帮助，同时得到了晋西工业集团有限责任公司的王宏伟，北方华安工业集团有限公司的崔长齐、刘淑艳，湖北江山重工有限责任公司的赵云龙，江南工业集团有限公司的汪灿、肖体安、李保荣，江麓机电集团有限公司的张灵、周克维等同志的大力支持，在此一并表示感谢。

由于机械产品的失效分析是一项科学性、实践性、时代性及社会性均很强的技术工作，所涉及的专业领域极其广泛，限于作者工作领域和知识水平，书中内容难免有不妥之处，希望读者批评指正。

作 者

目　录

第1章 设计因素引起的失效13例

例1-1 设计不合理导致扭杆疲劳断裂

零件名称： 扭杆

零件材料： 中碳合金弹簧钢

失效背景： 在一批上百辆的重载车辆中，有7辆车各有1根扭杆（直径约为50mm，长度大于2000mm）在正常使用中发生早期断裂失效，其中6根位于车辆后部发动机下方的第6位置，断口特征有明显的相似性。使用寿命只达到设计寿命的15%左右。

失效部位： 断裂源位于扭杆花键末端与杆部相切的过渡圆弧附近，距端部110～140mm处，其中两组断裂失效的扭杆残骸见图1-1-1。

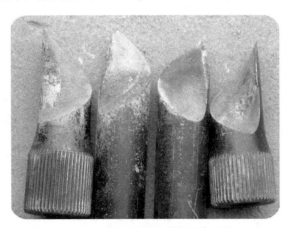

图1-1-1 两组断裂失效的扭杆残骸

失效特征： 两组断裂失效扭杆的断口形貌基本一致，对其中一组断裂的扭杆进行分析看出，整个断裂面平坦无形变，无冶金缺陷，未见明显剪切唇，与轴线方向成45°夹角，见图1-1-2，源区为一直径约为1mm、深度约为0.5～1mm的点腐蚀坑，见图1-1-3，扩展区为两个圆弧所包围的深色区域，断口面上呈放射花样特征的快速断裂区占整个断口面积的98%。此类断口表明断裂时的应力值非常大。

综合分析： 扭杆在工作时，受大应力、大应变、冲击和交变应力作用，于点腐蚀坑处形成疲劳源，在随后的大应力作用下，仅经过2个应力周期即产生疲劳断裂。理化检测结果表明，材质化学成分、机械加工、热处理等各制造环节均属正常；与疲劳源点腐蚀坑相同的小

图 1-1-2　杆断裂源区附近表面形貌

图 1-1-3　与轴向成 45°夹角的断口形貌

"黑坑"遍布整个断裂源附近，见图 1-1-4。对扭杆的受力环境进行深入调查发现，第 6 位置的扭杆处于发动机正下方，在使用过程中，受发动机排气、散热以及下雨、洗车的影响，底部油水混合液在发动机工作时形成高温腐蚀环境，扭杆表层漆膜稳定性遭到破损后引发呈小白点状的鼓泡，见图 1-1-5。小白点状的鼓泡受腐蚀逐渐变薄，腐蚀介质穿过鼓泡区接触扭杆金属表面引发腐蚀，在一定时间的作用后形成一一对应的小"黑坑"，即图 1-1-4 上的点腐蚀坑。点腐蚀坑的大小和深浅取决于腐蚀介质的浓度和作用时间的长短。这些具有一定深度的点腐蚀坑是一种扭杆零件的表面缺陷，它改变了扭杆表面的应力分布状态，增大了扭杆表面缺口的敏感性。

图 1-1-4　失效扭杆表面分布众多
的点腐蚀坑

图 1-1-5　杆部及圆弧过渡区均匀分布着大小不等、
数量众多呈小白点状的漆膜鼓泡

　　点腐蚀坑的产生表明，除花键外，其余外表面所涂起防护作用的铁红醇酸底漆和黑色醇酸磁漆没有起到防腐作用，属防腐设计不当所致。

　　失效原因：高温多湿腐蚀环境下形成的点腐蚀坑成为应力集中的断裂源，在高交变应力作用下引起应力集中致扭杆早期疲劳断裂。

　　改进措施：改进防腐设计，将原设计中"涂铁红醇酸底漆"替换成"涂 1~2mm 厚聚氨酯"进行防腐。经改进扭杆防腐设计后，扭杆表面耐蚀性显著提高，再未出现因点腐蚀坑引起的扭杆早期疲劳断裂失效。

例1-2　火炮击针的早期疲劳断裂

零件名称：火炮击针

零件材料：45CrNiMoVA

失效背景：对某型弹药的试制产品在北方某靶场进行试验验收，原计划总计发射30发该型试制产品，前19发弹药发射后均未见异常，第20发该型试制弹药发射时，该发弹药未能发火，全弹丸留膛。前20发该型试制弹药的发射操作均按火炮发射操作工艺的要求进行，该坦克火炮已使用多年。按规定的操作要求将留膛的弹丸退膛，并对退膛后的试制弹丸返厂进行了全弹拆卸检查，该发试制弹丸未见异常；靶场操作人员又对该火炮进行检查，发现该火炮的击针断裂，火炮其他部分未见异常。

失效部位：断裂源在螺纹槽根部的边缘，见图1-2-1。

失效特征：击针断口的断面光泽灰暗、高低不平，呈现间距较大的同心圆状贝纹线，源区位于同心圆状贝纹线的内侧边缘，同心圆贝纹线以疲劳源为核心；断口的疲劳源区、扩展区、瞬断区界限明显；在断口的周向边缘，可见多条高差较大的台阶同时向内扩展；瞬断区面积较大，剪切唇较小；螺纹槽根部圆弧半径较小，外缘存在粗糙的加工刀痕，边缘有点状、线状缺口；断口上未见夹杂、疏松等材质缺陷；图1-2-2中箭头A所示为加工刀痕，箭头B所示为疲劳源。按GB/T 1979—2001《结构钢低倍组织缺陷评级图》评定，一般疏松为0.5级，见图1-2-3；按GB/T 10561—2005《钢中非金属夹杂物含量的

图1-2-1　断口的宏观形貌（一）

测定——标准评级图显微检验法》评定，非金属夹杂物为：A 0.5，B 0.5，C 0.5，D 0.5，见图1-2-4，材质的冶金质量好，洁净度佳。裂纹源附近和心部的组织为均匀的回火索氏体，见图1-2-5和图1-2-6。

图1-2-2　断口的宏观形貌（二）

图1-2-3　低倍组织形貌

图 1-2-4　击针的非金属夹杂物形貌　　图 1-2-5　裂纹源处的组织形貌　　图 1-2-6　心部的组织形貌

综合分析：击针的材质和组织均正常，击针断裂与原材料和热处理无关。击针断口具有多源疲劳断口特征；疲劳断口上台阶数目多，贝纹线的密度小、疲劳源及疲劳破断区色泽灰暗、粗糙度大，说明该部位受到的应力和过载较大、周期长。螺纹槽根部由于圆弧半径较小，无明显圆弧过渡，相当于存在线性缺口，应力集中明显，多疲劳源在该处多重萌生，并由表面向里扩展，最终在中部瞬断。粗大的加工刀痕，也加剧了颈部应力集中，导致产生多源疲劳裂纹，引起早期疲劳断裂。

失效原因：设计不当与加工粗糙引起了火炮击针早期疲劳断裂。

改进措施：改善设计，增大螺纹槽根部圆弧半径；提高加工水平，降低表面粗糙度值，并消除加工刀痕，以确保螺纹槽根部圆弧处截面过渡平滑自然，降低螺纹槽根部圆弧处的应力集中；按以上措施改进后未再出现击针断裂现象。

例 1-3　设计选材不当引起的尾翼片裂纹

零件名称：尾翼片

零件材料：35CrMnSiA

失效背景：某型弹药尾翼片所用的原材料为 35CrMnSiA 连轧连铸钢板。尾翼片的制造工艺流程为：原材料钢板剪尾翼片条料→淬火→回火→精加工。采用某炉批次 35CrMnSiA 连轧连铸钢板原材料生产的尾翼片，经淬火、回火等热处理后进行精加工，发现采用该炉批次原材料生产的尾翼片有 600 多件出现了类似的裂纹缺陷。

失效部位：尾翼片表面。

失效特征：裂纹由表面开裂，沿纵向呈锯齿状分布，见图 1-3-1；从横截面观察裂纹的开裂形貌，裂纹向内部延伸，纵向具有一定的长度，横向具有一定的宽度，呈现一定的面积特性，裂纹内部存在黑灰色夹杂物，见图 1-3-2；裂纹两侧组织为回火屈氏体组织，见图 1-3-3；远离裂纹的心部组织呈现明显的带状偏析分布，在偏析带中间存在较多的长条形硫化物夹杂，见图 1-3-4。钢材中的非金属夹杂物含量过多，材质的洁净度较差，冶金质量差。

综合分析：尾翼的基体组织为正常回火屈氏体组织，该裂纹的产生与热处理工艺无关。裂纹具有一定的宽度和面积特征，这种裂纹缺陷属于分层缺陷；分层缺陷在钢板剪尾翼片条料前就已存在，分层缺陷属原材料内部缺陷；分层、夹杂、偏析等缺陷是连轧连铸钢板难以避免的材料缺陷；连轧连铸钢板制造的尾翼片中出现分层缺陷的概率较大，不能满足设计要求。常规弹药的尾翼片原材料不宜选用连轧连铸方式制造的钢板。

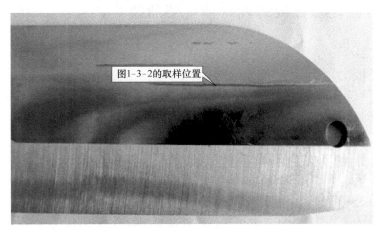

图1-3-1　尾翼片裂纹的纵向形貌

图1-3-2　裂纹的横向形貌

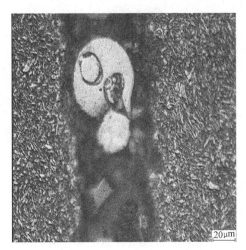

图1-3-3　裂纹两侧的组织形貌

图1-3-4　尾翼的基体组织形貌

失效原因：连轧连铸钢板中存在的分层缺陷导致尾翼片产生裂纹。

改进措施：连轧连铸状态的钢板材料不能满足设计要求，应按 GJB 2150A—2015《航空用合金结构钢热轧钢板规范》选用热轧钢板。改进原材料供货状态后，将会显著降低尾翼片出现裂纹缺陷的概率，满足产品成品合格率要求。

例1-4 设计强度低导致螺栓弯曲疲劳断裂

零件名称：螺栓

零件材料：40Cr

失效背景：某车辆行车约18000km时，M20×1.5×245-10.9螺栓断裂。螺栓主要制造工艺为锻造、机械加工、调质、机械加工（包括滚螺纹）和表面磷化处理。

失效部位：螺纹根部。

失效特征：断裂螺栓宏观及断口形貌见图1-4-1～图1-4-3。断裂部位在螺纹处，断面基本垂直于轴向，具有多源疲劳断裂特征，4个疲劳源区均在螺纹根部，有疲劳台阶，由表面向心部扩展。Ⅰ区起源较早，相应的疲劳扩展区比较平坦，有清晰可见的疲劳弧线；Ⅱ区、Ⅲ区、Ⅳ区几乎同时起源，相应的疲劳扩展区纹路较细，各自呈月牙形扩展；终断区面积约占整个断口的1/2，呈舌形放射状，纹路较粗。

图1-4-1 断裂螺栓宏观形貌

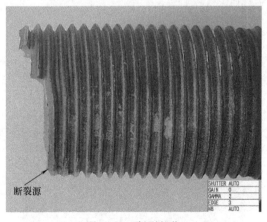

图1-4-2 断裂部位

图1-4-3 断口宏观形貌

经显微组织观察，螺栓表面、断面、螺纹根部裂纹两侧均无脱碳，螺纹部位有明显组织变形，变形处组织较细，Ⅰ区断裂源附近的每个螺纹根部均有基本垂直于零件表面的由表面向心部延伸的裂纹，见图1-4-4，Ⅳ区断裂源附近的螺纹根部有尾部圆钝的裂纹，深度均在组织变形深度范围之内，且垂直切断组织变形流线，见图1-4-5，基体组织为回火索氏体+少量贝氏体+沿晶分布的铁素体，有组织偏析。螺栓基体的拉伸性能和硬度均符合相关技术要求。

图1-4-4　Ⅰ区螺纹根部裂纹　55×　　　　图1-4-5　Ⅳ区螺纹根部裂纹　55×

　　综合分析：断裂螺栓的拉伸性能、硬度均符合设计技术要求，零件表面无诱发疲劳源的缺陷。从该螺栓断口形貌分析，该螺栓在使用过程中受到应变应力作用，从应力集中程度高的螺纹根部产生多个疲劳源，分别逐步扩展直至弯曲疲劳断裂。综合分析认为，该螺栓设计强度低是导致其弯曲疲劳断裂的主要原因。

　　失效原因：强度不足导致螺栓弯曲疲劳断裂。

　　改进措施：提高螺栓设计强度等级。

例1-5　设计不合理导致右横拉杆接头多源多次弯曲疲劳断裂

　　零件名称：右横拉杆接头

　　零件材料：38CrSi

　　失效背景：横拉杆接头所在某重载车辆行驶约10900km后，发现右横拉杆接头断裂。之前同一车型的左横拉杆接头发生过类似断裂。横拉杆接头主要制造工艺为锻造、调质处理和机械加工。

　　失效部位：螺纹根部。

　　失效特征：断裂零件宏观及断口形貌见图1-5-1～图1-5-3。断裂位置在螺纹根部，该处

图1-5-1　断裂零件宏观形貌

为横拉杆接头与管配合后管的端面位置，断面平齐，垂直于轴向，有三处疲劳源。Ⅰ处、Ⅱ处、Ⅲ处疲劳源几乎同时在不同的三个螺纹根部开始形成，当各自扩展至整个断面一半时汇合，后整体再次疲劳扩展，此时贝纹线较宽。疲劳扩展区占整个断面面积约3/4，终断区断面粗糙，为多源弯曲疲劳断裂。

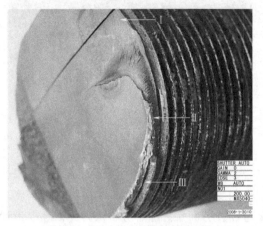

图 1-5-2　断裂起源于螺纹根部

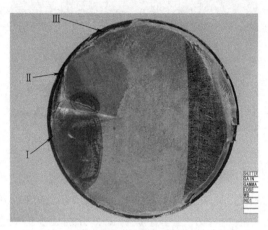

图 1-5-3　断口宏观形貌

经显微组织观察，Ⅰ处疲劳源区未见明显冶金缺陷，断面光滑。基体显微组织为回火索氏体，见图 1-5-4。基体硬度符合图样技术要求。

综合分析：零件的断裂位置是截面突变部位，且螺纹根部应力集中，该位置在车辆行驶过程中除受交变弯曲载荷作用外，还受到转向力及冲击力作用，易在表面产生疲劳源，导致多源多次弯曲疲劳断裂。

失效原因：螺纹根部应力集中导致多源多次弯曲疲劳断裂。

改进措施：改进设计，充分考虑零件的受力状态，增大螺纹根部圆弧半径，减少应力集中。

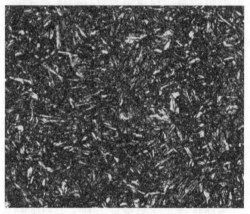

图 1-5-4　基体显微组织形貌　500×

例1-6　应力集中导致曲臂疲劳开裂

零件名称：曲臂

零件材料：中碳合金钢

失效背景：曲臂在行驶一定距离后进行检修，发现曲臂短臂端水平位置发生曲翘变形、开裂。

失效部位：开裂部位位于短臂端点焊处，见图 1-6-1。

失效特征：将开裂的短臂端打开，在 $\phi55mm \times 10.5mm$ 的横截面的开裂面积约占80%。在断裂起始处呈线性向内撕裂，具有撕裂棱线的外圆弧长约为15mm，见图 1-6-2。断面上可见明显的疲劳弧线，见图1-6-3。在 φ62mm 的台阶边缘可见粗糙的加工刀痕，见图1-6-4。显微组织为均匀的回火索氏体，见图1-6-5，符合技术条件要求。短臂端点部位的圆弧半径很小，圆弧处存在微裂纹，见图1-6-6。

图1-6-1　断裂的曲臂外观

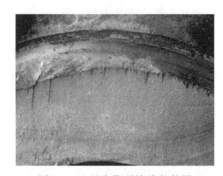

图1-6-2　具有撕裂棱线的外圆

图1-6-3　断口上的疲劳弧线

图1-6-4　交接处加工刀痕

图1-6-5　均匀的回火索氏体

图1-6-6　短臂端点部位的圆弧及小裂纹

综合分析：曲臂化学成分、硬度均符合技术条件要求，曲臂开裂与材质、热处理无关。断口起源处呈线性向内撕裂，断面粗糙，表明该曲臂的断裂与断裂部位的应力分布状况有关。短臂端点部位的圆弧半径过小，导致该部位的应力集中明显；台阶交接处的加工刀痕使得该部位的应力集中进一步加剧，在交变应力作用下产生疲劳开裂。

失效原因：短臂端点部位的圆弧半径过小和加工粗糙导致曲臂疲劳开裂。

改进措施：改进设计，严格控制加工质量，避免应力集中的存在。

例1-7 设计不合理导致平衡肘轴高周低应力疲劳断裂

零件名称：平衡肘轴

零件材料：中碳合金钢

失效背景：某重载车辆行驶4000多千米时，负重轮掉落，拆车后发现右七的平衡肘轴与平衡肘体连接处有裂纹。平衡肘轴相关制造工艺为锻造、机械加工、热处理和装配。

失效部位：销孔尾部。

失效特征：断裂零件宏观形貌见图1-7-1和图1-7-2。裂纹位于平衡肘轴与平衡肘体连接处，裂纹起始于轴向连接销孔尾部，且有一小块崩落。打开裂纹，断口形貌见图1-7-3和图1-7-4，有明显的疲劳源、疲劳扩展贝纹线。疲劳源起始于连接销孔底部圆锥面与孔侧圆柱面相交的圆周，属于线疲劳。疲劳扩展贝纹线细而密，为高周疲劳扩展裂纹。经显微组织观察，裂纹源附近未发现明显冶金缺陷，断面无氧化脱碳现象，基体组织为回火索氏体。

图1-7-1 零件的宏观形貌及裂纹位置

图1-7-2 裂纹宏观形貌

图1-7-3 断口宏观形貌

图1-7-4 另一断面局部放大

综合分析：平衡肘轴上的轴向连接销孔过深，破坏零件基体的连续性，连接销孔尾部非常接近平衡肘体与平衡肘轴的连接面，且连接销孔底部圆锥面与孔侧圆柱面相交的圆周属于应力集中部位，在使用过程中易在该处形成裂纹源，并疲劳扩展。

失效原因：高周低应力疲劳断裂。

改进措施：改进设计，将连接销孔深度减少8mm，再未出现类似失效。

例1-8 设计不合理导致液压泵连接套低周高应力疲劳断裂

零件名称：液压泵连接套

零件材料：中碳合金钢

失效背景：液压泵连接套是某车辆传动系统中连接传动箱输出轴与液压泵的零件，起传递输出轴转矩的作用，所用材料为中碳合金钢。该液压泵连接套在跑车过程中发生断裂失效。

失效部位：最小截面转角处。

失效特征：液压泵连接套失效件宏观形貌见图1-8-1和图1-8-2。严重撕裂，并与外围部分断裂分离，撕裂处截面断口已磨损，撕裂位置所在的环形截面厚度为1mm，见图1-8-3。

图1-8-1 失效件端面形貌

图1-8-2 失效件侧面形貌

经显微组织观察，断面及零件表面无脱碳，带状组织参照GB/T 13299—1991《钢的显微组织评定方法》评为C系列4级，基体组织为回火索氏体+贝氏体的回火组织+少量铁素体，见图1-8-4。基体硬度符合相关技术要求。

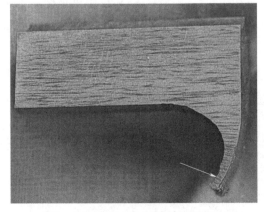

图1-8-3 图1-8-2中撕裂位置剖面

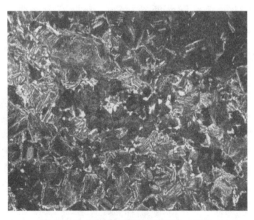

图1-8-4 基体显微组织形貌 500×

综合分析：液压泵连接套连接传动箱输出轴与液压泵，起传递输出轴转矩的作用。承受最大扭转切应力的是连接套的最小截面，即上述撕裂的环形截面。该处设计厚度只有1mm，许用扭矩很小，当实际承受扭矩超过许用扭矩时即从最小截面应力集中处断裂。材料经正常的调质工艺处理后，显微组织应为回火索氏体，而此连接套经调质处理基体组织欠佳，且带状组织严重，进一步降低了它的综合力学性能。当液压泵连接套最小截面实际承受扭矩超过其许用扭矩时，在最小截面应力集中处发生断裂。

失效原因：设计不合理导致的低周高应力疲劳断裂。

改进措施：改进结构设计，增大最小截面厚度。严格按照热处理标准对材料进行调质处理，以获得综合力学性能较优的组织，最大限度地保证工件安全服役。

例1-9　压药冲子的低周疲劳断裂

零件名称：压药冲子

零件材料：Cr12

失效背景：压药冲子用于某型弹药的药块压制成形。压药冲子在药块成形时出现断裂是极为危险的，会造成装药生产设备的损坏，甚至是现场人员的伤亡。通常压药冲子的尺寸磨损至图定要求的极限尺寸时才会判定其报废，极少在压药过程中出现压药冲子断裂的故障。压药冲子在压制某型药块过程中发生了断裂，并导致整个药模炸裂和设备损坏，压药冲子断裂成三段。

失效部位：压药冲子的冲头与杆部转角处及杆部两处。

失效特征：压药冲子断裂外观见图1-9-1。1#断口宏观形貌见图1-9-2。其断口表面呈黑灰色，清洗后呈暗灰色，表面可见锈蚀痕迹；断口高差大，呈斜坡形；断面可见明显的撕裂棱线，裂纹始于棱线收敛的方向（冲头与杆部转角处）；源区较平坦，与冲子轴线垂直；扩展区粗糙，与冲子轴线约成45°角；源区侧面可见较粗大的加工刀痕，见图1-9-3。2#断口宏观形貌见图1-9-4。其断口呈暗灰色，可见锈蚀痕迹，断口高差大，断面可见撕裂棱线，裂纹从表面两侧多处起源。1#断口源区低倍SEM形貌呈线源特征，见图1-9-5；源区擦伤严重，局部可见韧窝断裂特征，未见夹杂等冶金缺陷，源区高倍SEM形貌见图1-9-6。扩展区SEM形貌呈韧窝断裂特征，未见疲劳条带特征，见图1-9-7。瞬断区SEM形貌也呈韧窝断裂特征，与源区及扩展区形貌相似，见图1-9-8。2#断口低倍SEM形貌见图1-9-9，其高倍SEM形貌与1#断口相同，见图1-9-10。压药冲子的硬度为59~60HRC，符合技术要求。

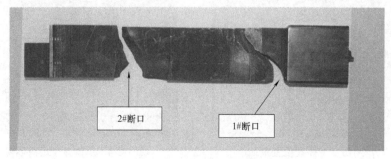

图1-9-1　压药冲子断裂外观

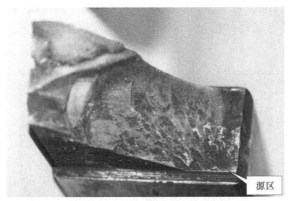

图 1-9-2　1#断口宏观形貌

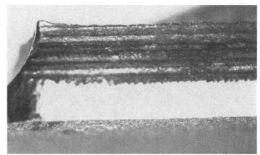

图 1-9-3　1#断口源区侧面的粗大加工刀痕

图 1-9-4　2#断口宏观形貌

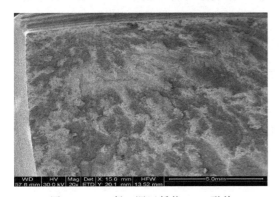

图 1-9-5　1#断口源区低倍 SEM 形貌

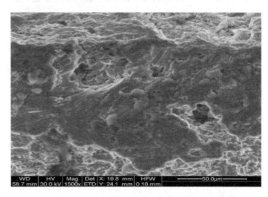

图 1-9-6　1#断口源区高倍 SEM 形貌

综合分析：对于低周疲劳，一般当疲劳寿命 $N_f > 10^3$ 时，才出现疲劳条带。疲劳寿命很短时，断口上呈细小的韧窝，没有疲劳条带出现，这时静载断裂机理在断裂过程中起主导作用，并在断口上呈现静载断裂所产生的断口形态。1#断口裂纹起始于冲头与杆部的转角处，呈线源特征，断口源区平坦，扩展区粗糙，断口未见疲劳条带，扩展区呈韧窝断裂特征，断裂性质为低周疲劳断裂。2#断口裂纹从表面两侧多处起源。疲劳裂纹首先在 1#断口位置萌生。冲头与杆部转角处本身存在一定的应力集中；同时，设计时对该部位表面粗糙度要求不合理，导致该位置加工粗糙，存在粗大的加工刀痕，进一步加剧了该部位应力集中，致使压药冲子在冲压过程中产生疲劳断裂。Cr12钢具有较高的强度，对缺口敏感。断口上未见夹杂等冶金缺陷，压药冲子的断裂与材质无关。

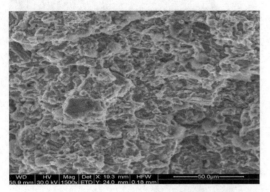

图1-9-7　1#断口扩展区的韧窝断裂特征

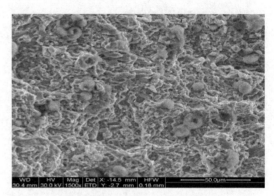

图1-9-8　1#断口瞬断区的韧窝断裂特征

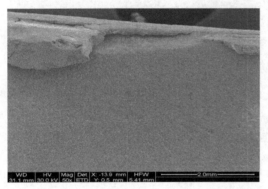

图1-9-9　2#断口低倍SEM形貌

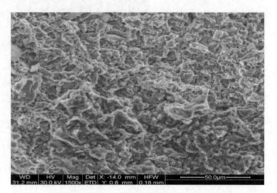

图1-9-10　2#断口高倍SEM形貌

失效原因：设计不合理和加工不当导致压药冲子低周疲劳断裂。

改进措施：改进设计和加工工艺，消除加工刀痕，去除应力集中源。改进设计和加工质量后的压药冲子，压药时未再出现断裂。

例1-10　壳体设计不当引起的淬火裂纹

零件名称：壳体

零件材料：30CrMnSiNi2A

失效背景：某型试制弹药壳体所用原材料为30CrMnSiNi2A超高强度合金结构钢棒材，熔炼方式为电弧炉熔炼+电渣重熔；该型壳体的生产工艺流程为：棒材→锯切下料→感应淬火→压型、冲孔→拉伸、辊挤→完全退火→调质处理→精加工。该型壳体经调质后发现，其中一批次的该型壳体的表面均存在纵向裂纹。

失效部位：壳体表面。

失效特征：壳体裂纹在台阶处（滚花端）开裂，沿轴向扩展，裂纹较刚直，长度为100～150mm，见图1-10-1。

裂纹尾端的形貌见图 1-10-2。裂纹起源于壳体的表面，由表面向心部扩展，宽度逐渐变窄，纹路刚直，尾部尖锐，主要为穿晶开裂。裂纹内无氧化物，两侧没有脱碳，两侧组织与基体组织一致，均为回火索氏体，见图 1-10-3 和图 1-10-4。经检测：淬火冷却用快速光亮淬火油的水分指标超出技术要求的一倍，酸价也超出了技术要求。

图 1-10-1　裂纹的宏观形貌

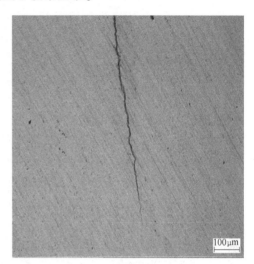

图 1-10-2　裂纹尾端的形貌

图 1-10-3　裂纹两侧的组织形貌（一）

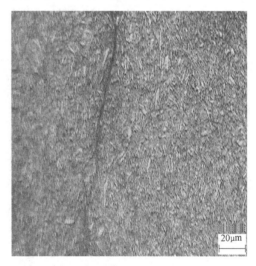

图 1-10-4　裂纹两侧的组织形貌（二）

综合分析：壳体台阶处存在截面尺寸突变，淬火冷却时会在尺寸突变处形成缓冷效应而产生较大的应力集中。当拉应力大于材料表面的抗拉强度时，产生穿晶开裂；淬火油中的水分、酸价严重超标也导致了壳体局部的淬火冷速增大，导致工件局部淬火应力增大，也加速了淬火裂纹的萌生。

失效原因：设计不合理和淬火油成分不合格引起壳体淬火裂纹。

改进措施：改进壳体的设计，保证滚花端应具有一定的圆弧过渡，以确保该截面过渡平缓自然，防止淬火冷却时在该部位形成较大的应力集中，产生较大的拉应力；及时检测淬火油，使用合格的淬火油，以防壳体局部的淬火冷速过大、淬火应力过大。改进设计、采用合格的淬火油后，壳体未再出现淬火裂纹。

例1-11 导杆支耳根部断裂

零件名称：导杆

零件材料：30CrMnTi

失效背景：导杆采用热轧态棒材铣削加工出两个支耳后，意外跌落，其中一个支耳沿铣削加工根部断裂，见图1-11-1。

失效部位：导杆支耳根部。

失效特征：断口微观形貌为准解理断裂，裂源处几乎无塑性变形，扩展区及最后断裂区边缘可见剪切唇，断裂面上可见二次裂纹及非金属夹杂物，见图1-11-2。经能谱分析，非金属夹杂物主要成分为氧、铝、钙、硅等。材料中存在较多、较粗大的非金属夹杂物，依据 GB/T 10561—2005 评定为 B1.5e，D2.5，D1.5e，DS1，主要类型为氧化铝类、硅酸盐类和氮化物类。显微组织为屈氏体+铁素体+上贝氏体+珠光体，呈

图1-11-1 断裂工件形貌

带状分布，局部铁素体晶界上分布有三次渗碳体，晶粒较大且不均匀，依据 GB/T 6394—2017 评定为 2~6.5 级，见图1-11-3。夏比冲击吸收能量极低，测试结果为 8J、12J、10J。

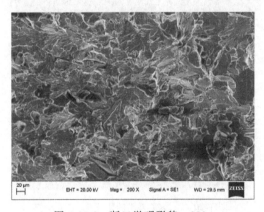

图1-11-2 断口微观形貌 200×

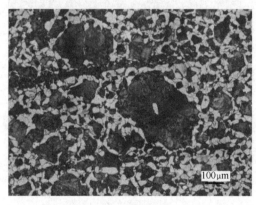

图1-11-3 显微组织 100×

综合分析：材料存在较粗大的非金属夹杂物及较大且不均匀的晶粒。粗大的非金属夹杂物破坏了金属连续性，较大且不均匀的晶粒严重降低了材料的冲击韧性。另外，组织中存在的脆性相——上贝氏体和三次渗碳体也加剧了材料的脆性。支耳根部圆弧半径过小，导致应力集中明显。以上综合因素导致在外力作用下断裂。

失效原因：偏高的材质脆性和应力集中导致导杆支耳根部断裂。

改进措施：在支耳根部加工过渡圆弧，将工件进行热处理后，取样再次测试冲击吸收能量，结果为 106J、87J、94J。

例1-12　带环形底圆筒因设计不当产生内壁旋压裂纹

零件名称： 圆筒

零件材料： 35钢

失效背景： 一种带有环形底的圆筒经过带底正向旋压、焊接、去应力退火等工序后，在精车内孔时发现其内孔开裂。

失效部位： 裂纹出现在圆筒内孔中靠近环形底台阶处的内壁上，见图1-12-1。

失效特征： 裂纹仅出现在圆筒内孔的薄壁旋压部位，环形底的内壁上无裂纹。裂纹的方向都属于横向，没有穿透到圆筒的壁厚，圆筒的外圆无裂纹。取样检查开裂处的纵截面，可见裂纹与内孔母线呈大约60°的夹角，见图1-12-2。复验原材料成分、强度均符合材料标准要求。

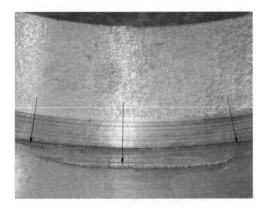

图1-12-1　圆筒内壁上的缺陷

图1-12-2　壳体尾部纵截面上的裂纹形貌

综合分析： 圆筒旋压成形坯料的形状和尺寸设计不当，坯料外圆待旋压区域的长度超过内孔孔壁的深度，导致旋压成形的起旋处明显超出阶梯轴芯模的轴肩。旋压成形时在起旋和起旋后的一段时间内，超出阶梯轴芯模轴肩的一部分材料是在芯模外圆支撑面以外进行旋压成形，从而引起材料形变失稳，产生内壁折叠和裂纹。当切削加工圆筒内孔后，裂纹显露而被发现。

失效原因： 坯料的形状和尺寸设计不当，导致圆筒在旋压工序中产生裂纹。

改进措施： 改进坯料形状及尺寸，使坯料外圆待旋压区域的长度不超过内孔孔壁的深度，使起旋处位于阶梯轴芯模外圆支撑面的有效支撑约束范围内，防止旋压失稳产生折叠及裂纹。改进后，圆筒旋压时不再产生裂纹。

例1-13　设计不当导致轮辋卡槽处应力腐蚀开裂

零件名称： 轮辋

零件材料： 7A04

失效背景： 铝合金轮辋在装车累计行驶不到8000km的情况下，于卡槽处发生开裂。工件卡槽根部在工作时受向外挤压的拉应力。断裂处可见较严重的腐蚀现象，断面上存在多处开裂源，见图1-13-1。

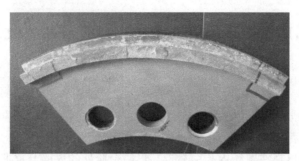

图 1-13-1　失效工件宏观形貌（局部）

失效部位：轮辋卡槽根部。

失效特征：轮毂卡槽根部圆弧半径的测量结果最小为 0.25mm，最大为 0.5mm，几乎无倒角设计。断面覆盖有较厚的腐蚀产物，呈泥状花样，见图 1-13-2。腐蚀产物的能谱分析结果显示主要腐蚀性元素为氯和硫。在平行于断面处附近还有一处裂纹，该裂纹垂直工件表面曲折向内扩展，具有多条二次裂纹，呈树根状花样，裂纹内部有填充物，裂纹形貌见图 1-13-3。对裂纹内的填充物进行能谱成分分析，发现同样含有腐蚀性的氯元素和硫元素。

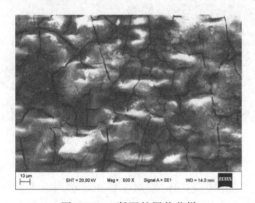

图 1-13-2　断面的泥状花样

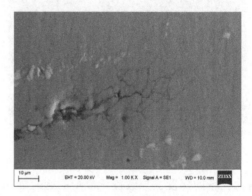

图 1-13-3　裂纹形貌

综合分析：由破裂工件外观腐蚀现象严重，裸露表面存在较多腐蚀坑洞，可知该工件在服役过程中接触了腐蚀性物质（由能谱分析结果可知为硫化物和氯化物）。在工件工作时，卡槽根部几乎无倒角处受拉应力，这就具备了应力腐蚀开裂的必备条件之一。该工件材料为7A04，7A04 对硫离子腐蚀发生应力腐蚀开裂极为敏感。在本案例中腐蚀确有硫离子参与，这就具备了应力腐蚀开裂的另一个必备条件：应力腐蚀开裂在特定的材质与相对应的特定腐蚀介质组合才会发生。7A04 铝合金在固溶+人工时效下使用，本身具有较高的应力腐蚀开裂倾向。这也满足于应力腐蚀开裂的第三个必备条件：纯金属一般不发生应力腐蚀开裂，只有合金在特定的组织状态下，才具有不同的应力腐蚀敏感性。本案例中发现的平行于断面的裂纹，呈树根状形貌，是典型的应力腐蚀裂纹，属于延迟裂纹。应力腐蚀裂纹的扩展速度远大于无应力的腐蚀速度。综合以上分析可以得出，该工件发生失效是由于工件接触特定的腐蚀介质，在工作中受拉应力，最终产生应力腐蚀裂纹，继而裂纹扩展发生延迟破裂失效。

失效原因：在特定的腐蚀介质中，无倒角设计的轮辋卡槽根部产生应力腐蚀开裂。

改进措施：加大轮辋卡槽根部倒角，增加防腐涂层。

第2章　材质因素引起的失效20例

例 2-1　碳化物偏析导致冲头疲劳断裂

零件名称：冲头

零件材料：Cr12MoV

失效背景：冲头在使用中发生断裂，经查同批次零件断裂20余件。冲头的主要制造工艺为下料、机械加工、热处理和表面磨削。

失效部位：中心孔。

失效特征：同批断裂冲头宏观形貌见图2-1-1，断裂位置均在中心孔附近。选择解剖分析的冲头断口宏观形貌见图2-1-2，断裂起始于零件工作面的中心孔附近，断面光滑细腻，有明显的海滩状疲劳条纹，第一条疲劳条纹距零件的工作面距离较宽，具有高速疲劳扩展断裂特征。在裂纹起始处垂直于轴向取金相试样观察分析，三条裂纹交汇于中心，整个断面已裂通，中心部位有集中分布的碳化物偏析区，见图2-1-3；基体组织为回火马氏体加块粒状的共晶碳化物和二次碳化物加少量残留奥氏体；参照GB/T 9943—2008评定共晶碳化物不均匀度，共晶碳化物不均匀度超过3级（标准规定：$\phi \leqslant 40mm$ 时，共晶碳化物不均匀度不大于3级），见图2-1-4。检测基体硬度为50.0~58.0HRC，硬度分布不均匀，基本低于技术要求。

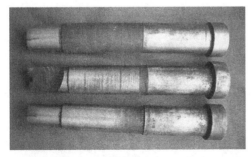

图 2-1-1　断裂冲头宏观形貌

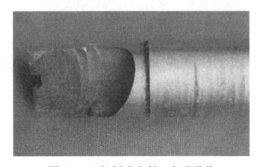

图 2-1-2　解剖冲头断口宏观形貌

综合分析：模具钢Cr12MoV中含有较高的C及合金元素，容易偏聚导致碳化物分布不均匀，形成高硬度区而增加材料的脆性。为了改善钢的纤维方向及碳化物不均匀性，许多刀具均在投料前进行反复镦锻，将碳化物进一步破碎成细小孤立、均匀分布的颗粒，力学性能得到提高。该冲头中心部位存在严重的碳化物带状偏析，使材料局部脆性增加，材质软硬不均，抗冲击性能大幅下降，导致零件在使用中发生断裂。

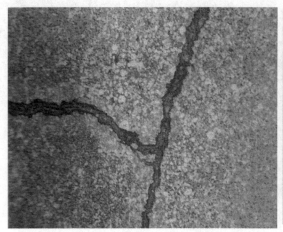

图 2-1-3　中心部位碳化物偏析　200×

图 2-1-4　基体带状组织偏析　100×

失效原因：原材料碳化物偏析导致疲劳断裂。

改进措施：增加模具冷加工前的锻造比，选择共晶碳化物符合 GB/T 9943—2008 标准要求的原材料。

例 2-2　多用途弹弹体原材料冶金缺陷引起的锻造裂纹

零件名称：某型多用途破榴弹弹体

零件材料：50SiMnVB

失效背景：某型多用途弹药弹体所用原材料为 50SiMnVB 中碳合金结构钢钢棒，原材料的熔炼方式为电弧炉+炉外精炼，供应状态为热轧状态；采用某炉批原材料制造的多个弹体经表面处理后发现存在裂纹。该型弹体的生产工艺流程为：原材料结构钢棒材→锯切下料→感应淬火→压型、冲孔→拉伸、辊挤→完全退火→调质处理→精加工→表面处理。

失效部位：裂纹位于弹体收口处。

失效特征：弹体的裂纹位置均在收口处，裂纹与弹体表面垂直，裂纹呈轻微不规则折皱状；开口较粗，尾部圆钝，见图 2-2-1。裂纹尾部和两侧存在较多的夹杂物、夹渣和树枝状疏松，裂纹的两侧存在轻微的脱碳层，见图 2-2-2 和图 2-2-3。

综合分析：此裂纹与局部的材质缺陷有关，由于原材料棒材头部切除不足，导致棒材的头部局部仍然存在轻微的缩孔残余，其附近部位也存在明显的夹杂、夹渣和疏松等缺陷，在锻造应力的作用下，在该缺陷处出现了锻造开裂。裂缝及附近的疏松由于与空气接触较少，脱碳并不明显。

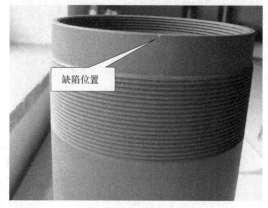

缺陷位置

图 2-2-1　失效弹体实物

失效原因：原材料缩孔残余缺陷引起弹体毛坯锻造裂纹。

改进措施：提高原材料的冶金质量，适当增大原材料棒材头部的锯切长度；增加原材料棒材的抽检数量，提高原材料验收质量。经原材料钢厂改进工艺后，未再发现类似的缺陷。

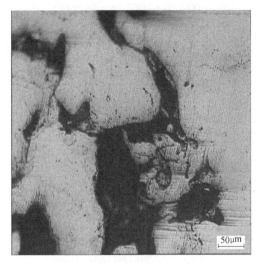

图 2-2-2 裂源附近疏松缺陷（抛光态）

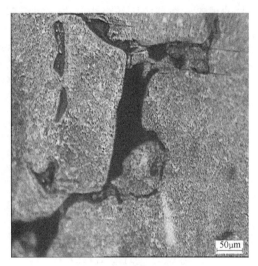

图 2-2-3 裂源附近疏松缺陷

例 2-3 原材料冶金缺陷导致扭杆脆性过载断裂

零件名称：扭杆

零件材料：中碳合金弹簧钢

失效背景：某重载车辆关重零件中间悬挂扭杆的相关制造工艺为锻造、机械加工、热处理和校正，所用材料为中碳合金弹簧钢。校正时杆部发生断裂。

失效部位：杆部。

失效特征：断裂扭杆宏观及断口形貌见图 2-3-1～图 2-3-3。断裂发生在距小头端面243mm 处的杆部，整个断面与轴向约成 45°角，亮灰色，呈旋转放射状纹路扩展，扩展纹路较粗，为脆性过载断裂。断裂源为一个 3.0mm×1.5mm 的椭圆形区域，距零件表面约 8mm，深灰色，与零件横截面约成 30°角。断口微观形貌及 X 射线能谱分析谱线见图 2-3-4～图 2-3-7。断裂源区中心平坦，有较多枝晶和针孔。源区其他区域形貌类似准解理，有较多沿晶小裂

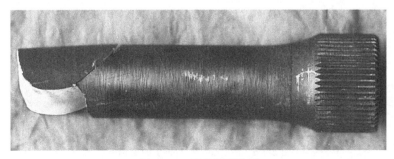

图 2-3-1 零件断裂位置

纹，扩展区有较多浅小韧窝。用 X 射线能谱仪对源区进行微区成分分析，确定源区中心部位主要元素为 Fe；对断裂源区域进行线扫描，从能谱图分析除 Fe 外主要含有 C、O 元素。在断裂源处取纵向金相试样观察，断裂源区域断面呈沿晶分布，见图 2-3-8。整个断面两侧无脱碳现象，断裂源区域组织与基体组织基本相同，均为回火马氏体+少量残留奥氏体。

图 2-3-2　断口宏观形貌

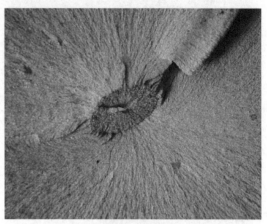

图 2-3-3　断裂源区局部放大

图 2-3-4　源区中心平坦

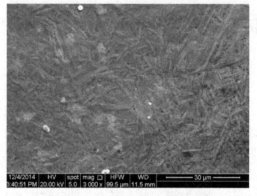

图 2-3-5　源区中心的枝晶和针孔

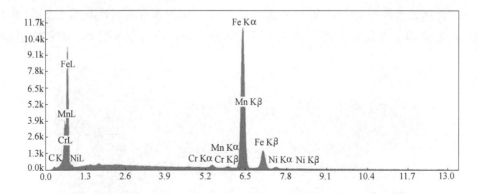

图 2-3-6　图 2-3-4 中 Spot 1 的能谱图

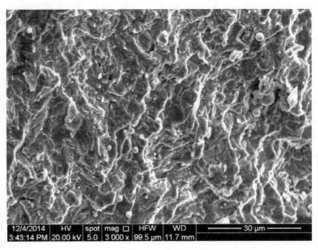

图 2-3-7　源区其他区域断口形貌

椭圆形断裂源区截面

图 2-3-8　断裂源区域断面沿晶分布　40×

综合分析：根据零件断口形貌及 X 射线能谱微区成分分析判断，断裂源区域为原材料冶金缺陷，分析认为是钢材在凝固过程中，CO 或 CO_2 外部气体源侵入基体所致。在扭杆校正受力时，由位于零件次表面的缺陷起源，发生脆性过载断裂。

失效原因：原材料冶金缺陷导致扭杆脆性过载断裂。

改进措施：提高原材料的冶金质量，杜绝冶金缺陷不符合要求的原材料进入制造环节。

例 2-4　材料皮裂导致堵盖坯料改锻后出现中心裂纹

零件名称：堵盖

零件材料：40Cr

失效背景：堵盖改锻工艺流程：圆钢→纤维方向改锻→机械加工。在纤维方向改锻后发现一件工件心部开裂，见图 2-4-1。

失效部位：坯料心部。

失效特征：裂纹两侧有氧化脱碳现象，见图 2-4-2，试样基体组织为珠光体+网状铁素体。

图 2-4-1 改锻后堵盖坯料实物   图 2-4-2 氧化脱碳的皮裂微观形貌

综合分析：圆钢表面存在局部皮裂，经改锻纤维方向后移动到饼状工件中心。

失效原因：工件改锻使材料皮裂形成中心裂纹。

改进措施：加强原材料表面质量检验。

例 2-5 铝合金管形件材料缺陷裂纹

零件名称：管杆

零件材料：2A12

失效背景：铝合金管杆由 2A12 铝合金棒材切削加工而成。在切削加工时发现少量工件存在裂纹，检验合格的工件在表面处理之后又发现有裂纹。

失效部位：裂纹出现在工件的外圆部位。

失效特征：大多数开裂件的裂纹出现在工件的外圆表层，少数开裂件的裂纹较深，贯穿了工件的壁厚，裂纹多呈纵向分布，见图 2-5-1。少数裂纹呈横向分布。垂直于裂纹取样观察分析，工件表层存在粗晶环，裂纹沿粗晶的晶界开裂，裂纹形貌弯曲，属于沿晶裂纹；基体上未见有过烧组织存在，见图 2-5-2。多数裂纹位于粗晶环所在的区域内，少数裂纹已经扩展至粗晶环与芯部正常组织的交界部位，见图 2-5-3。

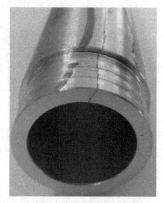

图 2-5-1 透过壁厚的裂纹

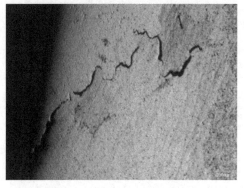

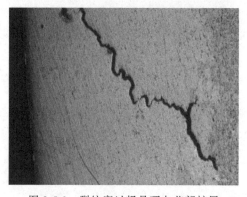

图 2-5-2 粗晶环内的沿晶裂纹   图 2-5-3 裂纹穿过粗晶环向芯部扩展

综合分析：原材料挤压不当，导致铝棒表层出现较深的粗晶环；粗晶晶粒晶界弱化、晶界结合功较低；同时，由于原材料热处理不当，导致淬火应力增大，在淬火应力的作用下产生了沿晶淬火开裂。表面处理使原有的细小淬火裂纹进一步扩展形成宏观裂纹。

失效原因：原材料淬火裂纹。

改进措施：调整原材料变形加工的工艺参数，改进原材料晶粒度，杜绝制造环节产生沿晶淬火开裂。

例2-6 原材料缺陷及加工缺陷等引起的尾翼片淬火裂纹

零件名称：尾翼片

零件材料：中碳合金钢

失效背景：某型弹药尾翼片所用的原材料为某中碳合金钢，原材料钢板供货状态为球化退火。尾翼片的制造工艺流程为：原材料钢板剪尾翼片条料→淬火→中温回火→精加工。采用某炉批次原材料钢板生产的尾翼片经淬火、中温回火等热处理后进行精加工时发现：有几百件尾翼片存在裂纹。

失效部位：尾翼片刀刃部附近。

失效特征：裂纹起源于尾翼片的表面，由表面向心部扩展，形状刚直，见图2-6-1。裂纹尾部尖锐而弯曲，裂纹内无氧化物，主要为沿晶裂纹，属淬火裂纹，裂纹两侧组织为回火屈氏体，见图2-6-2。心部组织呈带状偏析分布，偏析带中存在较多长条形硫化物夹杂，材质的洁净度差，见图2-6-3和图2-6-4。原材料组织为带状铁素体和珠光体，带状组织级别为2~3级，具有魏氏组织特征，与工艺要求的球化退火组织不符，见图2-6-5。尾翼片条料的纵截面存在撕裂缺陷，形状为V形缺口，见图2-6-6。

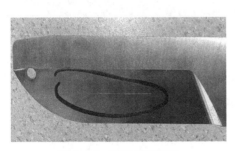

图2-6-1 裂纹宏观形貌

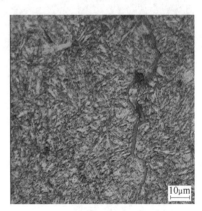

图2-6-2 淬火裂纹的微观形貌

综合分析：裂纹两侧的热处理组织正常，该裂纹产生的原因与热处理无关。由于原材料钢板存在明显的带状组织、较多的长条形硫化物夹杂和其他夹杂物，组织也非球化组织，导致剪尾翼片条料时表面出现了撕裂的V形缺口，该种撕裂缺陷属冷变形开裂；这种冷变形开裂缺陷，相当于尾翼片条料表面存在一线性缺口，形成了较大的应力集中，淬火冷却时，诱发了淬火裂纹的萌生；夹杂物多、洁净度差，进一步加剧了淬火裂纹的萌生、扩展。

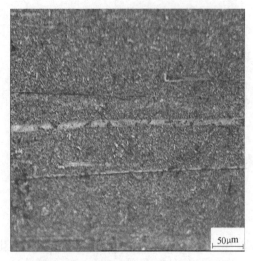

图 2-6-3　热处理后的显微组织（心部）

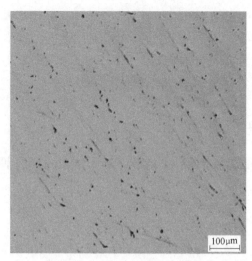

图 2-6-4　非金属夹杂物形貌

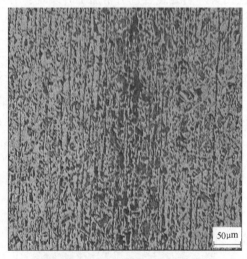

图 2-6-5　原材料显微组织（纵截面）

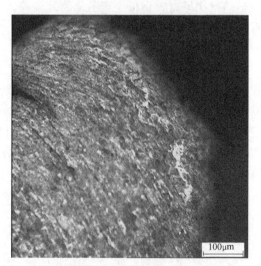

图 2-6-6　剪切开裂形貌

失效原因：原材料组织不当及冶金质量较差引起淬火裂纹。

改进措施：加强原材料组织检测，原材料组织状态须符合球化退火状态；将剪尾翼片条料改为冲裁落料；改进冶金质量，提高钢材的洁净度。经改进后，尾翼片未再出现淬火裂纹缺陷。

例 2-7　材料中硫含量超标导致无缝管热脆开裂

零件名称：无缝管

零件材料：27SiMn

失效背景：无缝管在轧制后发现部分工件纵向开裂。开裂方向为由管外向内壁扩展开裂，部分区域已裂透。

失效部位：无缝管外壁向内壁开裂。

失效特征：化学成分分析发现其硫、磷含量均接近标准上限值；金相分析发现材料含有大量非金属夹杂物，依据 GB/T 10561—2005 评定为 A 2.5 级，B 3 级，C 1 级，D 1 级；金相组织呈严重的魏氏组织形态，按 GB/T 13299—1991 评定为 2.5 级。裂纹口部较宽，中间及尾部呈曲折扩展形态，裂纹整体形貌见图 2-7-1。将裂纹打开后观察其断口形貌，裂源处呈沿晶开裂，内部为准解理断裂形貌，见图 2-7-2。断面上存在较多氧化铝类及硫化物类非金属夹杂物。

图 2-7-1　裂纹形态

综合分析：材料中含有大量硫元素，在无缝管高温轧制时，极易在晶界上形成 Fe-FeS 共晶体，该共晶体熔点（980℃）较低，促使晶界脆化，降低了材料的力学性能。无缝管外表面受张力优先开裂。裂纹口部沿晶开裂正是"热脆"的表现，后续准解理形貌即是裂纹在热应力作用下扩展的结果。

失效原因：材料中硫元素超标导致热脆。

改进措施：加强原材料质量复检，选用合格材料。

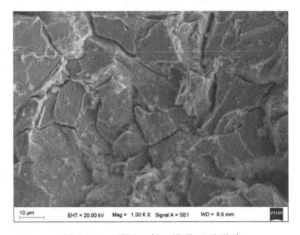

图 2-7-2　裂源区断口沿晶开裂形貌

例 2-8　集中状分布的疏松缺陷导致框架轴疲劳断裂

零件名称：框架轴

零件材料：合金结构钢

失效背景：某综合传动装置装配车辆后在跑车中经不长的工作距离，框架轴的花键尾端附近发生断裂。

失效部位：断裂部位位于连接齿轮内花键靠外端面的边缘。断裂后的断面凸凹不平，距卡环槽直线最长 34mm，最短为 25mm，见图 2-8-1。

失效特征：宏观断面凸凹不平，具有典型的扭转疲劳断裂宏观形貌。根据疲劳弧线的形貌，断裂

图 2-8-1　断裂框架轴外观

起源于框架轴油孔轮齿部位，见图2-8-2。断面上的疲劳弧线间距较宽表明应力集中系数较大，疲劳裂纹扩展速率较快，具有低周高应力疲劳断裂的形貌特征。取样进行低倍检测，在腐蚀面上存在局部的密集疏松孔洞，见图2-8-3。

图 2-8-2　起源于油孔轮齿的断面

图 2-8-3　断裂框架轴的低倍形貌

综合分析：框架轴采用20Cr2Ni4A钢制，该钢属高级优质合金结构钢，断裂的框架轴的化学成分、断裂处的硬度均符合产品技术条件要求，显微组织分析的结果表明在锻造和热处理过程中均未出现异常。锻造毛坯原材料用 ϕ100mm×255mm 圆钢，锻造框架轴采用套模成形，锻造时先拔长轴部毛坯尺寸小头为 ϕ72mm×165mm 留有起模斜度的圆锥形，然后将盘部镦粗，其毛坯外形尺寸为 ϕ215mm×30mm。在锻造过程中由于锻造比有限，难以充分的改善原始材料中的疏松状况。轴部锻造时将原材料中呈分散分布的疏松缺陷，拔长成形后反而在横截面上呈集中状分布，提高了疏松缺陷的级别，降低了钢的致密性，这在低倍检测的图2-8-3中即可见。花键轴部在加工时外表面的致密性好的金属已被车削掉，而最后加工成

的零件外形的尺寸为 ϕ49.5mm，且在齿根以下的轮辋部位的尺寸正是钢中疏松缺陷较为集中的部位，其组织致密性已大为降低，对疲劳破断的起源和扩展起了促进作用。断裂部位起源于轮齿 ϕ2mm 的油孔处，花键齿顶宽为 3.5mm，钻孔后齿顶单边最薄处的厚度仅为 0.75mm；其有效截面积已被骤然减少成为薄弱环节。加之在外圆加工后所剩下的尺寸及轮辋部位又是钢中冶金缺陷相对集中处，在工作应力的作用下形成了多个疲劳源，最后导致多源疲劳断裂，见图2-8-4。

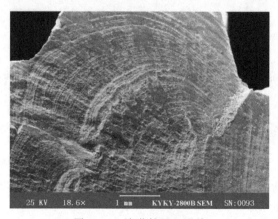

图 2-8-4　疲劳扩展区形貌

失效原因：框架轴原材料疏松缺陷导致多源疲劳断裂。

改进措施：在不影响框架轴整个结构的情况下对 ϕ3mm 油孔的位置进行调整。

例2-9　非金属夹渣引起的火车轴表面锻轧裂纹

零件名称：火车轴

零件材料：LZ50

失效背景：火车轴粗加工后于轴颈靠近端面位置发现有轴向裂纹存在，见图2-9-1。火车轴工艺流程：方坯下料——精锻成形——热处理——粗加工。

失效部位：轴颈靠近端面位置。

失效特征：裂纹沿轴向分布，长约25mm，深约1mm，宽约0.1mm；两侧存在较严重的氧化现象，具有明显的沿晶氧化和氧化圆点特征，裂纹沿轴向呈线性扩展，方向与表面成约45°角，末端圆钝，无应力性特征，见图2-9-2，内部有填充物，见图2-9-3。对填充物进行能谱成分分析，靠近缺陷口部位置存在较多的硅、硫、

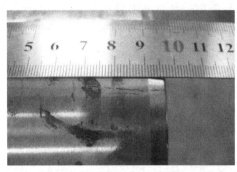

图2-9-1　轴颈处的裂纹宏观形貌

钙、氧、铝等元素，靠近末端为氧化铁。试样经硝酸酒精溶液腐蚀后观察，发现缺陷两侧金相组织全脱碳。基体组织为珠光体+铁素体，晶粒度为7.5级。

图2-9-2　裂纹形貌

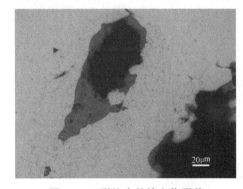

图2-9-3　裂纹内的填充物形貌

综合分析：裂纹沿轴向呈线性扩展，无刚性应力特征，末端圆钝，属于非热处理裂纹。裂纹存在较严重的氧化脱碳现象，说明该裂纹在热处理之前就存在，且与样品表面相通。裂纹口部附近含有较多的非金属夹杂物。

综合以上结果，可以得出1#样品的缺陷是钢锭中存在较严重的非金属夹渣，在材料后续锻轧过程中变形扩展形成的，属于非金属夹渣引起的锻轧裂纹。

失效原因：材料中局部非金属夹渣引起锻轧裂纹。

改进措施：加强原材料质量复检，选用合格材料。

例2-10　非金属夹杂物较多引起的支耳座发纹缺陷

零件名称：支耳座

零件材料： 45 钢

失效背景： 某车辆传动系统中零件支耳座的主要制造工艺为锻造、机械加工、热处理（淬火+回火）、精加工和磁粉检测。同批次支耳座共 109 件，磁粉检测时发现有 67 件在外表面存在磁粉聚集现象。取其中一件解剖分析。

失效部位： 外表面。

失效特征： 检测后的支耳座宏观形貌见图 2-10-1 和图 2-10-2，宏观分析为发纹缺陷导致磁粉聚集。发纹分别分布在支耳座的圆柱表面、螺纹面和端面处，数量不等，圆柱表面的发纹数量较多，沿轴向平行排列，长短不一，颜色呈浅灰色、黑色。在零件端面和圆柱部分发纹处分别取样于金相显微镜下观察，支耳座端面处发纹深度为 0.01mm，近表面处有一条长度为 0.05mm 的深灰色夹杂物，见图 2-10-3；圆柱部分横截面金相试样存在较多的深灰色夹杂物，尺寸最大的为 0.07 mm×0.02mm；圆柱部分纵截面金相试样非金属夹杂物按照 GB/T 10561—2005 标准评为 A 2.5 级、B 1.5 级、C 2.5e 级、D 0.5 级，见图 2-10-4；支耳座表层组织为回火索氏体，见图 2-10-5；心部组织为屈氏体+少量铁素体，见图 2-10-6 。

图 2-10-1 端面发纹宏观形貌

图 2-10-2 圆柱表面发纹宏观形貌

图 2-10-3 端面发纹横截面形貌 500×

图 2-10-4 夹杂物微观形貌 100×

综合分析： 支耳座材料所含非金属夹杂物较多，随着零件机械加工量的变化，有些夹杂物缺陷会裸露至表面，脱落后形成微米级微小裂纹缺陷，有些夹杂物会处于零件加工面的近表面，当进行磁粉检测时，在近表面缺陷对应处聚集磁粉，形成肉眼可见的发纹缺陷。

图2-10-5 表层组织 500×

图2-10-6 心部组织 500×

失效原因：发纹缺陷。

改进措施：冶炼时严格控制夹杂物数量。

例2-11 钼喷管材料缺陷导致装配破裂

零件名称：喷管

零件材料：钼棒

失效背景：一种燃烧室喷管由锻制钼棒切削加工而成。2件喷管在产品装配时发生破裂失效。

失效部位：1号喷管为出口部位破裂，喷喉部位还有纵向裂纹，见图2-11-1，2号喷管沿纵向裂开成了两半，见图2-11-2。

图2-11-1 1号喷管

图2-11-2 2号喷管

失效特征：宏观检查，破裂喷管均有纵向裂纹，1号喷管的断口中存在局部深色区域，2号喷管纵向断口上也存在局部深色区域。能谱检测断口深色区域含氧，见图2-11-3；断口浅色区域不含氧，见图2-11-4。材料的组织和晶粒度符合材料标准的要求，见图2-11-5和图2-11-6。

综合分析：原材料钼棒锻制时产生的裂纹若尚未切除干净，则残余的裂纹会遗留在钼棒中，成为材料中的早期裂纹。钼材较脆，在切削加工之中也存在产生裂纹的可能性。2件喷管材料中存在早期裂纹，导致了其喷管在装配受力时破裂。

失效原因：材料缺陷导致喷管装配时受力破裂。

改进措施：严格控制原材料质量验收，杜绝不符合技术要求的原材料进入制造环节。

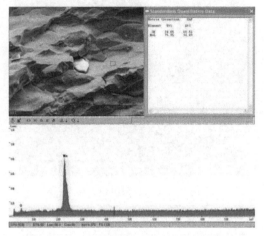
图 2-11-3　1号喷管断口深色区域基体成分

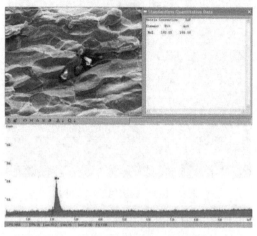
图 2-11-4　1号喷管断口浅色区域基体成分

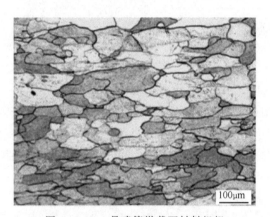
图 2-11-5　2号喷管纵截面材料组织

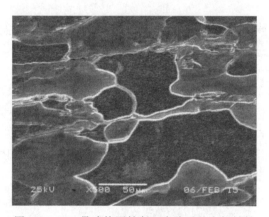
图 2-11-6　2号喷管原始断口磨除后的内部材料扫描电子显微镜照片

例2-12　"白点"导致法兰性能不合格

零件名称：法兰

零件材料：Q345

失效背景：某法兰厂取样进行拉伸试验后发现断面上存在亮点状缺陷，且拉伸结果不满足技术指标要求。法兰工艺路线为下料→锻造→热处理→取样分析→机械加工。

失效部位：法兰拉伸试验试样。

失效特征：在扫描电子显微镜中观察，亮点状缺陷呈圆形或椭圆形，缺陷中央呈现一道正断断面，正断断面两侧为撕裂型断面，整体呈"鸭嘴状"，见图2-12-1。正断断面为准解理型断裂，较粗糙，其上分布有多条二次裂纹及空隙，撕裂区域同样为准解理型断裂，局部有韧窝型样貌，较细腻，存在有多条二次裂纹，见图2-12-2。缺陷以外的区域为韧窝型断裂。

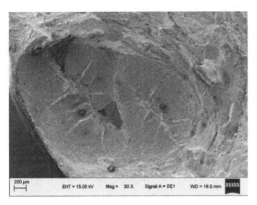

图 2-12-1 "鸭嘴状"缺陷形貌

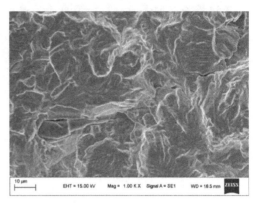

图 2-12-2 缺陷处断口形貌

综合分析：拉伸试样断口上的缺陷特征属于典型的"白点"缺陷，该缺陷是由于钢材冶金过程中除氢不尽所致。

失效原因："白点"导致力学性能严重降低。

改进措施：加强原材料质量复检，选用合格材料。

例 2-13 粗晶环缺陷引起的药管表面旋压缺陷

零件名称：药筒

零件材料：5A02

失效背景：药筒由铝管机械加工外形后，采用强力旋压工艺成形。旋压后发现个别工件外表面存在"鳞片状"缺陷。

失效部位：工件外表面。

失效特征：缺陷局部形态见图 2-13-1。工件外表面（不旋端）有明显粗晶环存在，见图 2-13-2。从缺陷处取样（横截面）高倍观察，缺陷呈折叠状，见图 2-13-3。

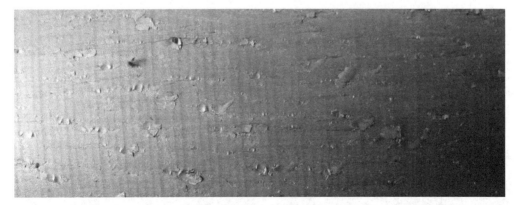

图 2-13-1 缺陷宏观形貌

综合分析：材料表面存在粗晶环，导致金属在压力加工时流动性变差，形成折叠状缺陷。

失效原因：铝筒粗晶环导致旋压折叠。

改进措施：加强原材料质量复检，选用合格材料。

图 2-13-2 表面粗晶缺陷

图 2-13-3 缺陷剖面形貌

例 2-14 超硬铝合金尾翼座由原材料缩尾残余引起的锻造裂纹

零件名称：尾翼座

零件材料：超硬铝合金

失效背景：某型弹药尾翼座所用的原材料为 7 系超硬铝合金棒材。原材料下料后进行锻造。热锻工艺：铝棒→锯切下料→升温加热→初锻→二次锻造。在锻造第 269、第 301 件尾翼座毛坯时，发现锻造后的毛坯件出现了开裂，按相同的工艺继续锻造完余下的 700 多件，未再出现裂纹件。

失效部位：尾翼座的横截面。

失效特征：尾翼座的裂纹呈小弧状裂口，见图 2-14-1。裂纹附近的断口存在污物。沿失效件变形量较小尾端的横截面制取试样，并进行低倍检测，横向试片上的裂纹形貌呈弧状，试样裂纹的外层为呈弧状的强烈变形区，再向外为环状条纹，见图 2-14-2。在裂纹工件的细端人为打开断口，断口表面存在少量污物，见图 2-14-3。失效件的纵截面组织呈带状纤维，在 α 固溶体上分布着少量呈链状分布的暗黑色相，见图 2-14-4；横截面的组织为：α 固溶体上弥散分布有少量的未溶相，属正常锻造组织，见图 2-14-5。裂纹周围的晶粒变形剧烈，见图 2-14-6。

低倍取样位置

图 2-14-1 裂纹的宏观形态

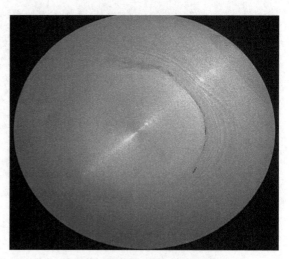

图 2-14-2 切片的低倍组织形貌

图 2-14-3　人为打开断口形貌

图 2-14-4　尾翼座纵截面的金相组织形貌

图 2-14-5　尾翼座横截面的金相组织形貌

综合分析：尾翼座毛坯在锻造时出现了开裂，此裂纹属锻造裂纹。失效件的组织正常，同批其他锻件均未出现裂纹，该失效件裂纹的产生与锻造工艺无关；裂纹的宏观低倍形貌呈小弧状裂口，裂纹的外层为呈弧状的金属剧烈变形区，再向外为环状条纹；人为打开的断口表面存在污物；裂纹附近的微观组织形变剧烈；裂纹的宏观、微观特征和周围的形貌表明：此裂纹属于缩尾残余缺陷。缩尾是在挤压末期，坯锭表皮、附着于挤压筒内的污物和死区金属沿挤压垫表面和后端弹性区界面流入制品内部形成环形或漏斗状金属不连续缺陷，铝合金棒材尾端长度锯切不足产生缩尾残余。

图 2-14-6　裂纹周围的金相组织形貌

失效原因：原材料尾端缩尾残余引起锻造裂纹。

改进措施：适当增加铝合金棒材尾端的锯切长度和抽检数量，以确保缩尾残余能切除干净。增加锯切长度后，该型尾翼座未再出现因原材料缩尾残余引起的锻造裂纹。

例2-15　超硬铝合金底螺原材料冶金缺陷引起的淬火裂纹

零件名称：底螺

零件材料：超硬铝合金

失效背景：某型多用途炮弹底螺所采用的原材料为某7系超硬铝合金棒材，供应状态为

T1。采用某炉批原材料生产的该型底螺经阳极氧化处理后进行检测，发现有数十件底螺的表面存在纵向裂纹。该型底螺的制造工艺流程为：原材料铝合金棒材→锯切下料→热锻成形→粗加工→淬火→人工时效→精加工→阳极氧化。

失效部位：底螺纵向的内、外表面。

失效特征：底螺内表面和外表面的裂纹形貌见图2-15-1，裂纹沿纵向开裂、形貌刚直；沿底螺表面的裂纹人为打开，断口宏观形貌见图2-15-2，断口表面呈灰黄色，表面污染，人为打断区可见反光刻面。将打开的裂纹断口经超声波清洗后放入扫描电子显微镜观察，原始裂纹区外侧可见大量腐蚀产物，见图2-15-3；对腐蚀产物进行能谱成分分析，腐蚀产物区的S、O、Cl元素含量较高，为阳极化产物。原始裂纹区未被腐蚀的区域呈沿晶+韧窝断裂特征，低、高倍形貌分别见图2-15-4和图2-15-5，晶界面上可见大量氧化物颗粒。人为打断区呈沿晶+韧窝的断裂特征，见图2-15-6；裂纹扩展形貌见图2-15-7。SEM形貌见图2-15-8，沿 α 固溶体上变形方向存在较多的呈链状分布难溶脆性第二相，对该相进行能谱成分分析，该相为（Fe、Mn、Cu）Al_6 相，属硬质相点，脆性较大。

图2-15-1　失效底螺实物

图2-15-2　底螺断口的形貌

图2-15-3　尾杆原始裂纹区的腐蚀形貌

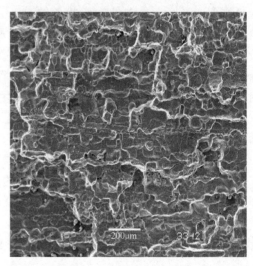

图2-15-4　底螺原始裂纹区的沿晶断裂低倍形貌

综合分析：底螺存在较多呈链状分布的难溶脆性第二相，该相本身的断裂强度低、脆性大、应力集中明显，在断裂过程中起着裂纹源的作用；底螺淬火冷却时，在淬火应力的作用下出现开裂,之后在阳极化处理时,沿链状分布的难溶脆性第二相继续发生腐蚀开裂。难溶脆性第二相数量多、呈链状分布,是由铝合金熔炼和净化质量差造成的。

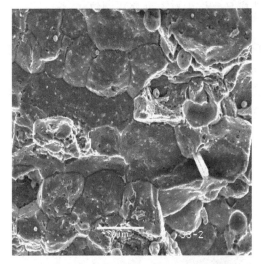

图2-15-5 底螺原始裂纹区的沿晶断裂高倍形貌

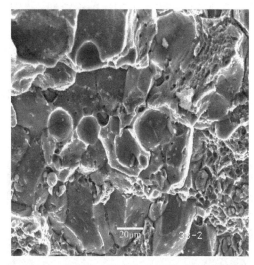

图2-15-6 底螺人为打断区的沿晶+韧窝断裂特征

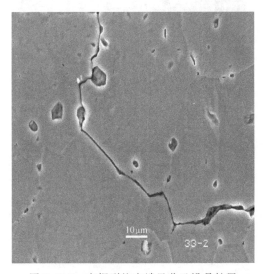

图2-15-7 底螺裂纹末端呈分叉沿晶扩展

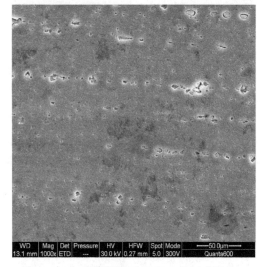

图2-15-8 底螺纵截面的SEM像(未浸蚀)

失效原因:超硬铝合金原材料冶金缺陷导致底螺产生淬火裂纹。

改进措施:提高铝合金熔炼和过滤净化质量。经过原材料厂家提高熔炼质量后,该型超硬铝合金底螺再未产生淬火裂纹。

例2-16 铝合金壳体由原材料缩尾残余引起的挤压裂纹

零件名称:壳体

零件材料:7A04

失效背景:某型壳体所用的原材料为7A04超硬铝合金管材,7A04超硬铝合金原材料管材的挤压方式为正向挤压,供应状态为T1;该型弹药壳体的生产工艺流程为:原材料铝管→锯切下料→加热→温挤压成形→热处理→精加工→表面处理。采用某炉批原材料铝管生产的该型壳体经表面处理后进行检测,发现36件成品壳体中有6件存在裂纹。

失效部位:壳体的内、外表面。

失效特征:阳极硬质氧化后,壳体的外表面裂纹呈小弧状裂口,见图2-16-1。失效壳体经氢氧化钠溶液褪色处理后,发现该裂纹贯穿于壳体的内外表面,形貌与多孔模正向挤压产生的二次缩尾类似,见图2-16-2。裂纹两侧的晶粒变形较剧烈,见图2-16-3。失效壳体横向截面的组织为:α固溶体上弥散分布有少量的未溶相,属7A04正常的热处理组织,见图2-16-4。

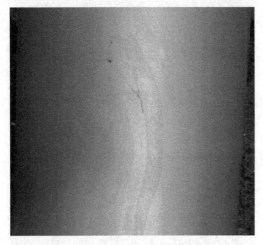

图2-16-1 壳体裂纹的宏观形态

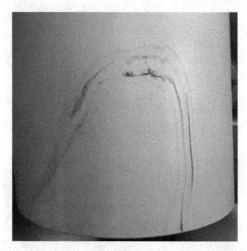

图2-16-2 壳体褪色后的裂纹宏观形貌

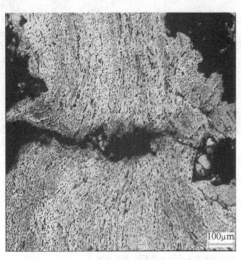

图2-16-3 壳体裂纹两侧的组织形貌

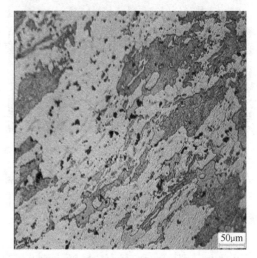

图2-16-4 壳体横截面的金相组织形貌

综合分析:失效壳体的组织正常,同批的其他温挤压成形件均未出现裂纹,壳体裂纹的产生与温挤压成形工艺无关。壳体裂纹形貌特征与多孔模正向挤压产生的二次缩尾相似;同时,裂纹附近的金属变形剧烈、流动不均匀,这是管材缩尾残余的典型特征。壳体挤压裂纹是由原材料管材尾端存在的缩尾残余所致。缩尾是在挤压末期，坯锭表皮、附着于挤压筒内的污物和死区金属沿挤压垫表面和后端弹性区界面流入制品内部形成环形或漏斗状金属不连续缺陷，铝合金管材尾端长度锯切不足产生缩尾残余。

失效原因：铝管的原材料缩尾残余引起壳体挤压裂纹。

改进措施：增加原材料管材的抽检数量，适当增加铝合金管材尾端的锯切长度，确保缩尾残余能切除干净。原材料管材尾端的锯切长度增加50mm后，未再出现由原材料缩尾残余引起的壳体挤压裂纹。

例2-17 超硬铝合金尾翼座原材料冶金缺陷导致力学性能不合格

零件名称：尾翼座

零件材料：超硬铝合金

失效背景：某型炮弹尾翼座所采用的原材料为某7系超硬铝合金棒材，供应状态为退火态，原材料挤压方式为反向挤压。尾翼座的制造工艺流程为：铝棒（退火态）→锯切下料→温挤压成形→固溶处理→人工时效。采用某炉批原材料棒材生产的该型尾翼座经热处理后进行检测，发现尾翼座热处理后的纵、横向拉伸试棒的断后伸长率和屈服强度均较低，不符合工艺要求。

失效部位：拉伸试棒。

失效特征：拉伸试棒断裂后的形貌见图2-17-1；横向拉伸断口的扫描形貌见图2-17-2，断口呈韧窝断裂特征；背散射电子像见图2-17-3，断口局部第二相质点数量较多，且密集分布。纵向拉伸断口的扫描形貌见图2-17-4，呈韧窝+沿晶混合断裂特征，该断口可见明显的沿变形晶粒和再结晶晶粒开裂的形貌；背散射电子像见图2-17-5，断口局部第二相质点数量也较多，且密集分布。对白色和灰色的第二相质点进行能谱分析，白色和灰色第二相质点的

a)   b)

图2-17-1 拉伸试棒断口的宏观形貌

a）横向拉伸试棒的断口 b）纵向拉伸试棒的断口

Fe含量均较高，为难溶脆性第二相。

图 2-17-2　横向拉伸试棒的断口形貌

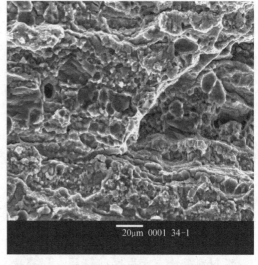

图 2-17-3　横向拉伸试棒断口的背散射电子像

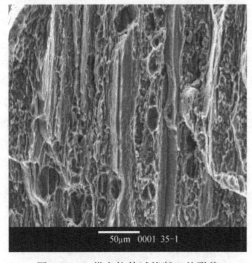

图 2-17-4　纵向拉伸试棒断口的形貌

图 2-17-5　纵向拉伸试棒断口的背散射电子像

综合分析：难溶脆性第二相本身的断裂强度低、脆性大，在断裂过程中起着裂纹源的作用；难溶脆性第二相数量越多，分布越密集，则越容易萌生裂纹；横向拉伸断口和纵向拉伸断口局部难溶脆性第二相数量均较多，且密集分布，材料的屈服强度、断后伸长率会显著降低。难溶脆性第二相数量多、密集分布，是由于铝合金熔炼质量差造成的。

失效原因：超硬铝合金原材料冶金质量较差导致尾翼座力学性能不合格。

改进措施：提高铝合金的熔炼和过滤净化质量。经过原材料厂家提高熔炼质量后，该型超硬铝合金尾翼座未再发现有力学性能不合格的现象。

例2-18　铝合金接头原材料缺陷开裂

零件名称：接头

零件材料：铝合金

失效背景：产品经下料→机械加工后，放置一段时间后发现开裂。

失效部位：开裂部位位于接头体本体，见图2-18-1。

失效特征：裂纹裂穿整个接头体的壁厚，见图2-18-2。裂纹裂穿整个接头本体，外壁上呈直线状扩展且分段相连，见图2-18-3，裂纹最宽的部位是螺纹部位。在凸台部位横截面观察裂纹，裂纹沿晶界扩展，呈弯曲分断状，见图2-18-4。沿轴向切开，轴向方向的显微组织中有较密集的条带组织，见图2-18-5。

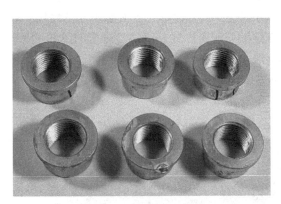

图2-18-1　开裂产品外观

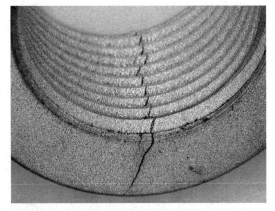

图2-18-2　裂穿壁厚的裂纹

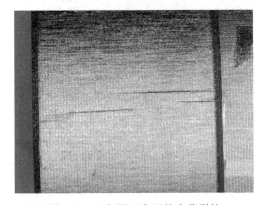

图2-18-3　起源于表面的疲劳裂纹

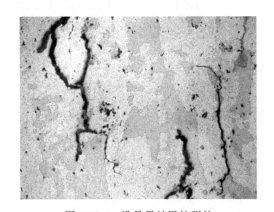

图2-18-4　沿晶界扩展的裂纹

综合分析：由裂纹的特征可以看出：裂纹是从螺纹部位开裂，然后向外圆面扩展。接头表面的裂纹是由于机械加工螺纹后在零件表面存在机械加工应力，加之显微组织中有较多的条带状组织和线状强化相，放置一段时间后在表面形成延迟裂纹。

失效原因：原材料缺陷在加工应力作用下导致产品开裂。

改进措施：控制原材料本身的缺陷或者在机械加工后进行低温时效处理，消除机械加工应力。

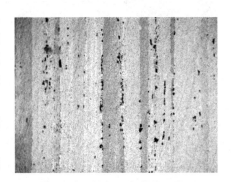

图2-18-5　轴向的条带状强化相

例 2-19　氢氧含量高导致双套管氢脆断裂

零件名称: 双套管

零件材料: T2M

失效背景: 某车辆使用的 T2M 铜质双套管在装配过程中发生断裂失效。

失效部位: 铜管端部。

失效特征: 断裂双套管宏观形貌、断裂位置及断口形貌见图 2-19-1~图 2-19-3。断裂位于铜管端部的焊接接头附近,该处严重变形,部分管壁断裂并脱落。断面呈暗红色颗粒结晶状,无明显塑性变形痕迹,属于脆性断裂。金相分析,远离焊缝处组织为正常的单相 α 相,断口附近及焊缝附近的母材基体上均存在大量微细裂纹和显微孔洞,裂纹沿显微孔洞扩展,见图 2-19-4。SEM 分析,断口微观形貌为沿晶断裂加浅韧窝,见图 2-19-5,断口附件金相试样上分布有大量显微裂纹和显微孔洞,见图 2-19-6 和图 2-19-7。

图 2-19-1　端部断裂的双套管形貌

图 2-19-2　断口宏观形貌

图 2-19-3　断面局部放大

验证试验: 在同批次铜管加工余料上取样分析,氧的质量分数为 0.0051%,氢的质量分数为 0.0008%,抗拉强度为 224MPa,断后伸长率为 36.5%,压扁试验无裂纹。对断裂铜管基体取样分析,氧的质量分数为 0.0278%,氢的质量分数为 0.0022%,抗拉强度为 194MPa,断后伸长率为 16.5%,压扁试验无裂纹。在断裂铜管紧邻焊接处取样进行压扁试验,铜管两侧完全开裂。

综合分析: 断裂铜管氢、氧含量比同批次铜管加工余料的含量高,引起"氢气病",导致焊接周围铜管母材出现显微裂纹和孔洞,在随后的使用受力过程中发生氢脆断裂。

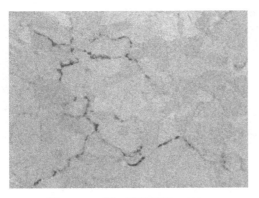

图 2-19-4　断口附近组织　500×

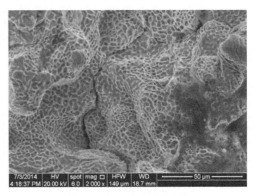

图 2-19-5　断口微观形貌

图 2-19-6　未浸蚀金相样背散射形貌

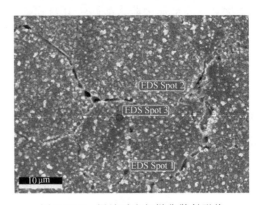

图 2-19-7　浸蚀后金相样背散射形貌

失效原因：氢氧含量高导致脆性断裂。

改进措施：原材料复验时要检测氧含量，建议控制氧的质量分数小于0.001%。严格控制钎焊时间。

例 2-20　铝合金底盖材料强度不足导致水压爆破试验异常

零件名称：底盖

零件材料：2A12

失效背景：压力容器底盖由铝合金棒材经切削加工、涂装、固溶强化等工序而制成。一批底盖在抽样装入筒形壳体进行水压爆破试验时，部分样件在压力尚未升到产品设计规定值时就发生了爆炸破坏失效，其爆破压力低于产品设计要求。

失效部位：底盖破坏的部位为与压力容器筒形壳体相连接的螺纹部位。

失效特征：破坏形式为底盖变形，螺纹被剪切，见图2-20-1。对比检测各样件的硬度，水压爆破压力不足的样件硬度较低。对该批底盖100%检测硬度，部分底盖的硬度值偏低。底盖的表面颜色有差别，见图2-20-2，颜色较亮的底盖硬度值大多较高，颜色较暗的底盖硬度值大多偏低。复查原材料棒材验收检测值，见抽测的抗拉强度的检测值差别较大，部分检测值为材料标准规定的下限值，勉强合格。

图 2-20-1　底盖的螺纹被剪切

图 2-20-2　不同表面颜色的
底盖对比

综合分析：原材料的强度不均匀，偏低；表面涂装后固化加热时，炉内温度不均匀，置于温度较高处的底盖颜色较暗，其材料强度有所降低。由此导致部分底盖的强度不足，在水压爆破试验压力尚未达到设计规定值时发生爆炸破坏失效。

失效原因：原材料强度不足、固化加热工艺控制不严、加热不均导致底盖水压爆破试验异常。

改进措施：加强对原材料的进厂检验，增大抽验率，确保原材料强度合格；改进底盖涂装后进行固化的设备与工艺，确保固化时不会降低材料强度；对不合格批次的底盖 100% 检验硬度，剔除硬度低的底盖。改进后，底盖水压爆破试验异常的问题得到解决。

第3章 铸造缺陷因素引起的失效10例

例3-1 磷共晶、碳化物偏析导致高锰钢履带板板体脆性过载断裂

零件名称：履带板板体

零件材料：高锰钢

失效背景：履带板是履带车辆行动系统的关重零件，履带板板体主要制造工艺为铸造、水韧处理和机械加工。经水韧处理后的履带板体在装卸过程中发生断裂失效。

失效部位：主动销耳。

失效特征：断裂履带板板体断口及裂纹形貌见图3-1-1和图3-1-2。主动销耳沿轴向发生断裂，断口柱状晶粗大，主裂纹沿柱状晶主干发展，次裂纹沿柱状晶带扩展。金相观察，柱状枝晶之间存在较多缩孔和沿晶裂纹，见图3-1-3，基体组织为奥氏体+大量的沿晶界及晶内分布的磷共晶及少量的碳化物，见图3-1-4。组织中的磷共晶SEM二次电子像形貌及微区X射线能谱分析谱线见图3-1-5和图3-1-6，含有磷、铁、锰和碳元素。基体化学成分分析碳质量分数为1.4%，居上限，磷质量分数为0.072%，较高。

图 3-1-1　断口宏观形貌

图 3-1-2　裂纹宏观形貌

综合分析：组织中除奥氏体外还存在有大量的沿晶界及晶内分布的磷共晶及少量的碳化物，表明零件铸造质量欠佳。扫描能谱分析，这些磷共晶区域除磷外还有铁、锰和碳，即磷以铁和锰的磷化物、碳化物形式存在。碳含量越高，碳化物数量越多，热处理后铸件的致密度越差，韧性越低，而枝晶之间碳的富集又有利于磷共晶的形成。当磷质量分数超过

0.04%后，塑性急剧下降；磷的偏析和钢中的碳有关，高锰钢磷偏析比碳、锰要严重得多，奥氏体中的碳含量越高，磷的溶解度越低，容易在凝固后期以磷共晶的形式析出，而磷向奥氏体中扩散速度较碳缓慢，致使组织中有大量的磷共晶及少量的碳化物出现。磷共晶具有熔点低、在晶界上呈连续状而不是聚集态的特点，这两个特点决定了高锰钢由于磷的存在极易产生沿晶裂纹，并在受力状态下脆性过载断裂。

图 3-1-3　缩孔和沿晶裂纹　100×

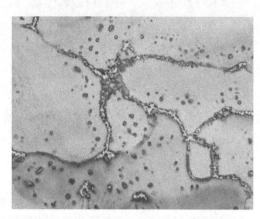

图 3-1-4　磷共晶分布形貌　200×

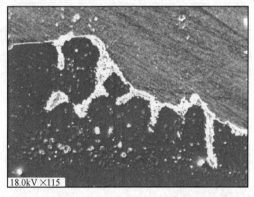

图 3-1-5　磷共晶 SEM 二次电子像

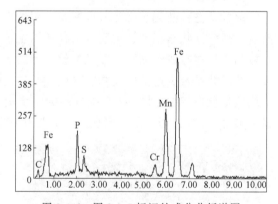

图 3-1-6　图 3-1-5 标记处成分分析谱图

失效原因：磷共晶、碳化物偏析导致履带板板体脆性过载断裂。

改进措施：严格控制碳元素和磷元素含量以及浇注温度。

例 3-2　铸造气孔缺陷导致高锰钢履带板板体失效

零件名称：履带板板体

零件材料：高锰钢

失效背景：履带板板体的主要制造工艺为铸造、水韧处理和机械加工。该炉批次的板体经水韧处理后发现零件上箱表面部位存在大小不等的孔洞缺陷，缺陷率接近100%。

失效部位：上箱表面。

失效特征：失效履带板板体上箱表面及剖面宏观形貌见图 3-2-1～图 3-2-3。零件上箱表面有多个分散分布的孔洞缺陷，个别部位呈波浪状聚集分布，孔洞多数为圆形，直径为

0.1~3mm，孔洞内壁有的呈金属亮色，有的呈发暗的氧化色。孔洞缺陷剖面深度约为3mm，均向基体拖尾。金相观察，孔洞缺陷剖面两侧在靠近零件表面位置有脱碳氧化现象，脱碳深度为0.20mm，靠近基体位置及尾部氧化严重，并伴随有树枝晶，零件表面脱碳层深0.18mm，基体组织为奥氏体，见图3-2-4和图3-2-5。缺陷SEM形貌及X射线能谱分析谱线见图3-2-6和图3-2-7。孔洞微观形状不规则，孔壁表面凹凸不平，孔壁上有枝晶晶芽，用X射线能谱仪对孔壁表面随机进行微区成分分析，结果表明有氧、氮成分存在。

图3-2-1　孔洞分散分布

图3-2-2　孔洞波浪形聚集

图3-2-3　孔洞剖面宏观形貌

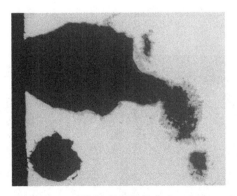

图3-2-4　孔洞内壁氧化状态　20×

图3-2-5　尾部氧化脱碳及树枝晶　100×

综合分析： 失效履带板板体上箱表面的缺陷宏观特征为气孔缺陷，能谱分析气孔内表面为氮化物和氧化物，由于氮气和氧气在铸件凝固前未能全部从铸件中析出，在铸件中形成了分散的析出性气孔。当铸件含气量较少时，呈波浪状聚集分布，当金属含气量较多时，气孔较大，呈团球形或圆球形分散分布。

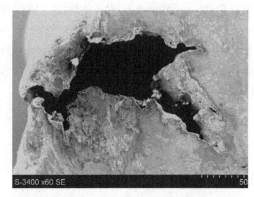

图 3-2-6 孔洞缺陷微观形貌

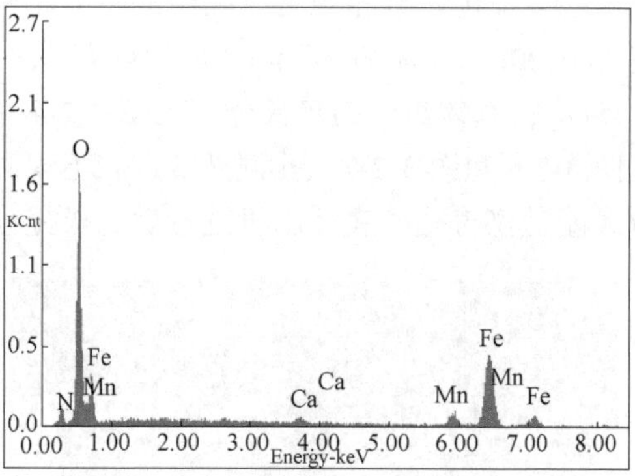

图 3-2-7 孔壁微区成分分析谱图

失效原因：铸造气孔缺陷导致失效。

改进措施：使用洁净干燥的炉料和添加剂。

例 3-3 拨叉铸造裂纹

零件名称：拨叉

零件材料：45 钢

失效背景：某重载车辆用零件拨叉的主要制造工艺为铸造、调质、机械加工、局部高频感应淬火和机械加工。该零件在高频感应淬火后发现加强筋部位开裂失效。

失效部位：加强筋处。

失效特征：开裂零件拨叉宏观形貌及裂纹形貌见图 3-3-1 和图 3-3-2。拨叉在加强筋处发生开裂，从拨叉端面观察，裂纹断续分布，从侧面观察，一面裂纹开口较宽，走向弯曲，垂直零件表面断续分布，长约 11mm，另一面裂纹同样开口较宽，垂直零件表面连续分布，长约 6mm。对其进行显微组织观察，裂纹开口宽尾部窄，沿晶扩展，断续分布，裂纹两侧有较厚的氧化皮、点网状氧化产物及脱碳现象，脱碳最深为 0.50mm，见图 3-3-3 ~ 图 3-3-5。基体显微组织为回火索氏体，见图 3-3-6。

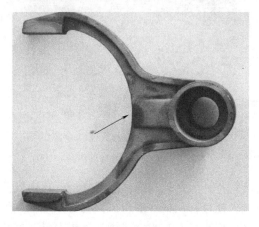

图 3-3-1 零件宏观形貌及裂纹位置

图 3-3-2 端面裂纹宏观形貌

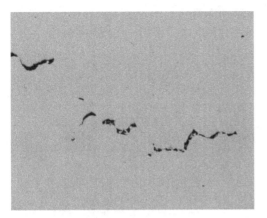

图 3-3-3 裂纹尾部微观形貌 50×

图 3-3-4 裂纹两侧氧化 500×

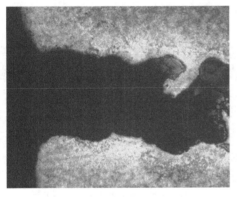

图 3-3-5 裂纹头部两侧脱碳 50×

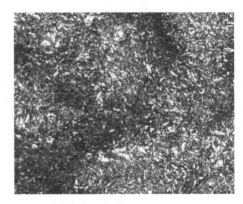

图 3-3-6 基体组织 500×

综合分析：零件拨叉铸造时两个分叉末端最先凝固，有加强筋的部位相对凝固较慢，在冷却收缩过程中，由于分叉中间的砂芯的阻碍，使加强筋部位受到拉应力，容易产生裂纹。

失效原因：铸造裂纹。

改进措施：建议铸造后在加强筋部位进行无损检测。

例3-4 铸造冷隔导致开裂

零件名称：车钩钩舌

零件材料：ZG25MnCrNiMo-E

失效背景：对铁路车辆用16型车钩钩舌抽检进行整体拉伸试验时，有一件钩舌发生开裂。钩舌主要制造工艺为铸造、切冒口、抛丸和调质处理。

失效部位：铸件冒口部位。

失效特征：开裂钩舌宏观形貌见图3-4-1，图中箭头所指为开裂部位。取样时零件裂纹两侧完全分离，断口宏观形貌见图3-4-2~图3-4-4，部分断面平坦光滑，呈暗灰色，两侧断面的凹凸处完全偶合，具有明显的铸造冷隔缺陷特征；部分断面为正常的拉伸断裂断口，位于零件壁厚较厚的部位。在钩舌光滑断面和正常断面处各取一个金相试样，磨制后在金相显微镜下观察，光滑断面两侧有点状氧化物，见图 3-4-5，正常断面无氧化现象，两个试样断面两侧均无脱碳现象，基体组织为回火索氏体+少量贝氏体，属于合格的调质组织，见图 3-4-6。

图 3-4-1　开裂钩舌宏观形貌

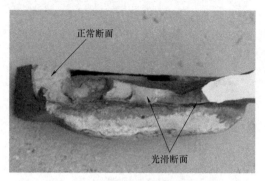

图 3-4-2　断面宏观形貌

图 3-4-3　光滑断面宏观形貌

图 3-4-4　正常断面宏观形貌

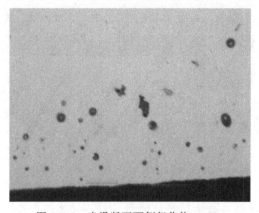

图 3-4-5　光滑断面两侧氧化物　500×

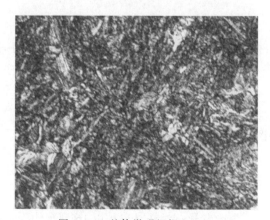

图 3-4-6　基体微观组织　500×

　　综合分析：铸件浇注时液流流动性差易形成铸造冷隔缺陷。开裂钩舌的冷隔空间比较小，能够进入其中的氧化性气氛较少，因此在冷隔线两侧只产生轻微的氧化现象，未形成明显的脱碳，而零件壁厚较厚处的正常断面为整体拉伸试验时形成，所以无氧化脱碳现象。

　　失效原因：铸造冷隔导致开裂。

　　改进措施：提高浇注温度，增加金属液的流动性；增加浇道高度，提高浇口压力，提高金属液的流动速度；提高金属型模温度，以减小金属液的热量损失速度，保证其良好的流动及熔合性能。

例3-5 石墨漂浮导致铸件脆性过载断裂

零件名称：铸件

零件材料：QT400-15（GGG40）

失效背景：某车辆用铸件主要制造工艺为铸造、打箱、清砂和回火。在清砂时发生崩落失效。该批共约300件，断裂3件。

失效部位：铸件浇口部位。

失效特征：失效铸件宏观形貌及断口形貌见图3-5-1~图3-5-4。铸件靠近上端面的薄壁部分断裂，断裂的长度约为150mm，附近的上端面有明显的锤击痕迹及裂纹。整个断面无明显塑性变形，亮灰色，结晶状，具有脆性断裂特征，断裂源为多源，位于铸件内壁一侧，由内壁向外壁及上、侧端面扩展。经显微组织观察，断裂源处存在石墨漂浮及开花状石墨，裂纹沿晶扩展，见图3-5-5。铸件靠近上端面的内壁0.9~1.7mm范围内也存在石墨漂浮及开花状石墨现象，见图3-5-6。

图3-5-1 断裂宏观形貌

图3-5-2 铸件表面锤击痕迹及裂纹

图3-5-3 断面由内壁向外壁扩展

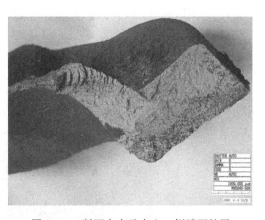

图3-5-4 断面由内壁向上、侧端面扩展

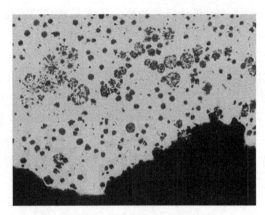

图 3-5-5　断面沿石墨漂浮扩展　50×

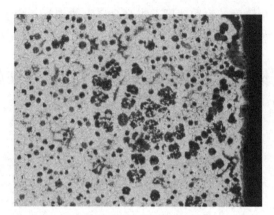

图 3-5-6　铸件上端面部位石墨漂浮　50×

综合分析：铸件断裂位置在靠近铸件上端面薄壁处，该处位于铸件浇口及浇道附近，基本为浇注最后凝固区，该处形成石墨漂浮及开花状石墨，使其塑性和冲击韧性降低，脆性增大；另外，零件敲击清砂时所受到的冲击力作用较大，也是零件断裂的原因之一。

失效原因：石墨漂浮导致脆性过载断裂。

改进措施：严格控制零件的铸造工艺。

例3-6　开关柱塞铸造热裂导致脆性断裂

零件名称：开关柱塞

零件材料：ZCuSn5Zn5Pb5

失效背景：开关柱塞铸件相关工艺流程为铸造、机械加工、装配。在装配过程中拧断失效。

失效部位：小头螺纹处。

失效特征：断裂铸件宏观形貌及断口形貌见图3-6-1和图3-6-2。零件的断裂位置在小头螺纹处，断面凹凸不平，有较大面积的结晶状区及疏松孔洞，为脆性断裂。SEM观察微观形貌，断口组织不致密，有较多的显微疏松，显微疏松部位晶粒呈自由表面状态，晶界有大量孔洞，由此形成晶粒边界裂纹，即铸造晶间裂纹，其中有部分亚晶界边界断裂。断口附近低倍组织见图3-6-3，可见闪光的晶粒形状，组织粗大。金相分析，零件断口附近组织中有较多的显微疏松和沿晶裂纹，见图3-6-4和图3-6-5。金相组织分布不均匀，为晶粒粗大呈心形偏析的 α 固溶体和少量 (α+δ) 共析体加铅粒，浸蚀后表面呈显著的凹凸现象，见图3-6-6。组织中存在较明显的应变线，见图3-6-7。

图 3-6-1　零件断裂位置

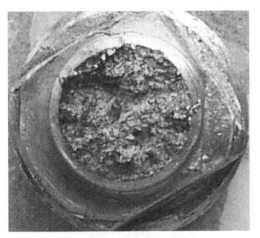

图 3-6-2　零件断口形貌

图 3-6-3　零件低倍组织

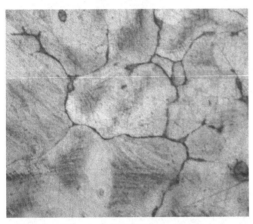

图 3-6-4　沿晶裂纹　400×

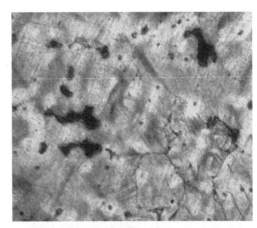

图 3-6-5　沿晶裂纹和疏松孔洞　200×

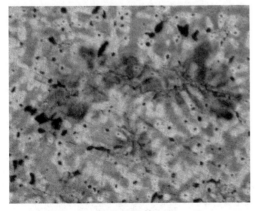

图 3-6-6　浸蚀后基体组织　100×

图 3-6-7　沿晶裂纹及应变线　400×

　　综合分析：零件组织不致密，晶界处存在大量孔洞而形成晶间裂纹，使晶粒之间的结合力大幅下降，晶界弱化，由显微疏松和晶间裂纹产生的应力集中导致零件受力断裂。断口微观显微疏松部位晶粒呈自由表面状态，晶界有大量孔洞，由此形成沿晶裂纹，属于铸造过程中形成的铸造热裂纹。

失效原因：铸造热裂导致脆性断裂。

改进措施：严格控制铸造工艺。

例3-7 铸造缺陷导致矿用液压支架连接头断裂

零件名称：液压支架连接头

零件材料：ZG30SiMn

失效背景：矿用液压支架部分连接头服役短时发生断裂。

失效部位：连接头连接孔处。

失效特征：断面极为粗糙且污染腐蚀严重，见图3-7-1；裂源附近发现有较多、较大的非金属夹杂物（其中球状非金属夹杂物直径最大为82μm），也有大量集中的非金属夹渣（其中一处长1.4mm，宽0.8mm），见图3-7-2和图3-7-3。非金属夹杂物和夹渣附近存在成分偏析，组织中存在过热组织，见图3-7-4和图3-7-5。

图3-7-1 连接头断裂件宏观形貌

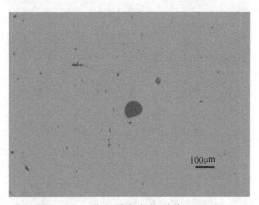

图3-7-2 非金属夹杂物形貌 100×

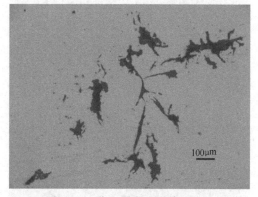

图3-7-3 非金属夹渣形貌 100×

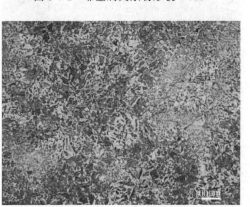

图3-7-4 工件金相组织 100×

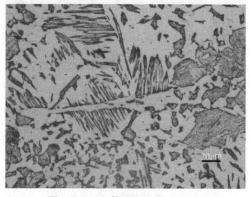

图3-7-5 工件金相组织 500×

综合分析：工件中存在较多较大的非金属夹杂物和夹渣，严重割裂了金属基体，并在工件内部成为裂纹源，强烈降低金属的强度，工件受力作用时裂纹扩展形成断裂。

失效原因：严重的非金属夹杂物（夹渣）导致早期受力断裂。

改进措施：严格控制铸件铸造工艺，确保材料纯洁度；对铸件进行适当的热处理。

例3-8 铅含量高导致耐磨环脆性开裂

零件名称：耐磨环

零件材料：ZCuSn7Zn4Pb6

失效背景：耐磨环是风力发电机箱体内定轴上的零件，箱体在加载试验后发现该零件出现裂纹。耐磨环主要制造工艺为铸造和机械加工。

失效部位：外圆表面。

失效特征：耐磨环裂纹分布和宏观形貌见图3-8-1和图3-8-2。裂纹位于靠近零件上端面的外圆表面上，有10余条，相互平行，间隔不等，裂纹由零件外圆周表面向中心扩展，扩展尾部偏斜，所有裂纹尾部倾斜方向一致。将裂纹打开观察，断口形貌见图3-8-3，断口细密，断口表面有分布不均的亮白颗粒，靠近外圆周部位的亮白颗粒较大并呈聚集状；裂纹前部断面已变色，裂纹尾部断面颜色新鲜。用X射线能谱仪对断面上的亮白颗粒进行微区成分分析，主要元素为铅。垂直于裂纹取金相试样观察分析，微观形貌见图3-8-4~图3-8-6，裂纹起始部位未见明显冶金缺陷，主裂纹沿晶扩展，主裂纹两侧存在较多沿晶分布的富铅第二相和二次裂纹，基体组织为α固溶体、浅灰色富锡（α+δ）共析相和深灰色粗大块状富铅相加铅粒，组织中的第二相均沿晶网状分布。

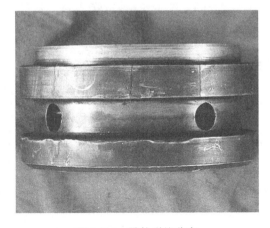

图3-8-1 零件裂纹分布

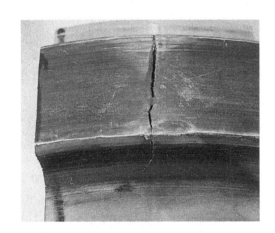

图3-8-2 裂纹宏观形貌

综合分析：沿晶网状分布的粗大块状铅使耐磨环基体强度显著降低；同时，金相组织中存在较多沿晶分布的硬脆富锡（α+δ）共析体割裂了基体的连续性。沿晶分布的粗大块状铅和沿晶分布的硬脆共析体起裂纹源的作用，导致在加载试验过程中沿第二相扩展开裂。

失效原因：铅含量高导致金属致脆。

改进措施：加强原材料质量控制。

图 3-8-3　断口宏观形貌

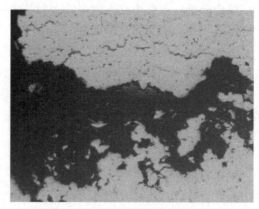

图 3-8-4　主裂纹两侧的沿晶相　50×

图 3-8-5　二次裂纹沿晶分布　400×

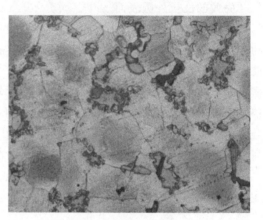

图 3-8-6　基体微观组织　400×

例 3-9　铸造缺陷引起的锻造折叠导致曲轴产生裂纹

零件名称：曲轴

零件材料：中碳合金钢

失效背景：315 平锻机曲轴主要制造工艺为下料、锻造、热处理和精加工。精加工时在加工部位发现多处裂纹，在未经过机械加工的零件表面也有缺陷。

失效部位：表面。

失效特征：开裂曲轴宏观形貌见图 3-9-1，在零件的机械加工部位可见有多条裂纹，1#部位未经过机械加工，表面凹凸不平，圆周面上有被切的冒口痕迹，见图 3-9-2，2#部位的裂纹形态见图 3-9-3；将 1#部位剖开，可见缺陷基本位于表面或近表面且不连续，走向不规则，有扭曲现象，深度为 5.0~6.0mm，见图 3-9-4。经显微组织观察，零件 1#部位圆周面上存在多处折叠缺陷，基本垂直于零件外表面，扭曲扩展，呈树枝状形态，尾部圆钝，周围伴有点网状分布的高温氧化产物并严重脱碳，见图 3-9-5 和图 3-9-6；零件 2#部位裂纹走向与轴圆周外表面的夹角约为 60°，深度为 6.0mm，曲折扩展，尾部圆钝，裂纹两侧有氧化，见图 3-9-7。

图 3-9-1 零件宏观形貌及裂纹位置

图 3-9-2 被切的冒口痕迹及表面缺陷

图 3-9-3 2#部位裂纹形貌

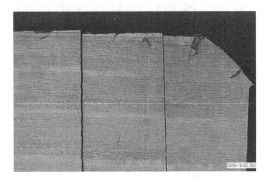

图 3-9-4 1#部位剖面缺陷形貌

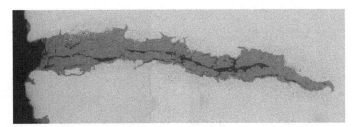

图 3-9-5 1#部位折叠缺陷形貌 27×

图 3-9-6 图 3-9-5 缺陷浸蚀后形貌 27×

综合分析：由零件端部圆周面上的冒口痕迹确认零件的毛坯为铸件，后经锻造处理。根据缺陷及裂纹的宏观及微观特征分析，零件毛坯在铸造过程中表面或近表面存在铸造缺陷，

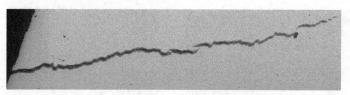

图 3-9-7　2#部位裂纹形貌　22×

这些缺陷在随后的锻造过程中被压入零件基体,形成锻造折叠缺陷,在精加工过程中暴露于表面。

失效原因:铸造缺陷引起锻造折叠裂纹。

改进措施:严格控制铸造工艺,消除铸造热裂纹。

例 3-10　缩松缺陷导致炉内辊断裂失效

零件名称:炉内辊

零件材料:06Cr25Ni20

失效背景:炉内辊是热处理加热炉中的零部件,使用过程中发生断裂。相关制造工艺为铸造、热处理和机械加工。

失效部位:炉内辊主动端。

失效特征:断裂炉内辊宏观及断口形貌见图 3-10-1~图 3-10-3。断裂位置在炉内辊的主动端,断面粗糙、暗黑、掉渣、严重氧化,内壁有较多裂纹,属热循环作用引起的断裂失效。在断面内壁有裂纹,部位垂直于断面,取金相试样观察分析,见图 3-10-4~图 3-10-6。局部断口及零件剖面组织不致密,存在大量缩松缺陷,缩松周围氧化严重,断面氧化次之,用过饱和苦味酸水溶液加数滴盐酸浸蚀后,缩松周围有脱碳现象,基体显微组织为奥氏体+沿晶分布的共晶碳化物+晶内碳化物。

图 3-10-1　断裂零件宏观形貌

图 3-10-2　断口宏观形貌

综合分析:零件内部组织不致密,存在大量缩松缺陷,缩松周围氧化脱碳严重,这与零件在高温状态下的使用有关。零件缩松周围氧化较断面氧化严重,说明缩松的存在直接导致了零件力学性能降低,尤其是高温性能,致使零件早期断裂失效。

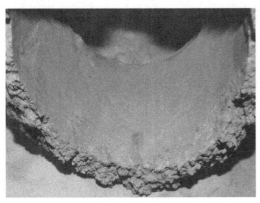

图 3-10-3　零件内壁裂纹

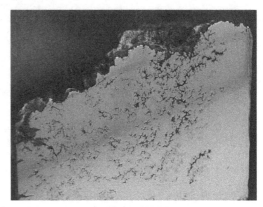

图 3-10-4　零件纵剖面缩松

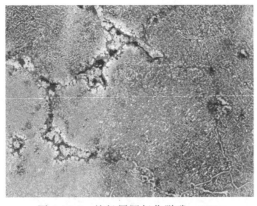

图 3-10-5　缩松周围氧化脱碳　150×

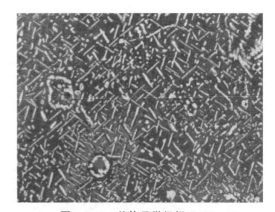

图 3-10-6　基体显微组织　400×

失效原因：缩松缺陷导致断裂。

改进措施：严格控制铸件铸造工艺，确保铸件冶金缺陷符号产品技术条件要求。

第4章   塑性成形缺陷因素引起的失效32例

例 4-1   筒形旋压件壳体内壁环状旋压开裂

零件名称：壳体

零件材料：45CrNiMo1VA

失效背景：筒形壳体旋压后发现内孔中出现裂纹。对余下尚未旋压的坯料重新进行退火，降低硬度之后旋压，仍然出现裂纹。

失效部位：裂纹位于筒形壳体的内壁表面，见图4-1-1。

失效特征：裂纹出现在筒形件的内壁，方向为横向，裂纹在材料内部的扩展方向与内壁的表面不垂直，呈一定的倾角，常为多条裂纹平行分布，见图4-1-2。

图 4-1-1   壳体的内壁裂纹

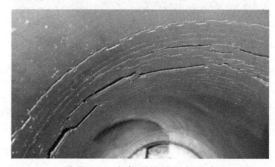

图 4-1-2   多条裂纹的平行分布

综合分析：尽管材料旋压前已经退火软化，但因旋压工艺参数不当，道次减薄率过小，使壳体内壁部位在旋压时受到了较大的拉应力，导致壳体内壁仍然出现环向裂纹。

失效原因：旋压工艺参数不当引起旋压裂纹。

改进措施：减少旋压道次，增大道次减薄率，改善壳体旋压时内壁部位的应力状况。改进后，壳体旋压无裂纹。

例 4-2   压力容器壳体旋压裂纹导致水压试验喷射水雾

零件名称：壳体

零件材料：超高强度钢

失效背景：壳体经旋压成形、焊接、热处理等工序后作水压试验，当压力升高到接近产品验收要求压力值时，出现了喷雾漏水失效。

失效部位：壳体中部外壁，见图4-2-1中箭头所示部位。

失效特征：壳体作水压试验时，起初并不漏水，而是在水的压力接近产品水压试验要求的压力值时，才出现了像喷雾器喷雾一样地向外喷出水雾的情况。宏观检查壳体漏水处外壁，可见1条很细微的印痕；检查壳体漏水处内壁，可见有与外壁缺陷对应的1条细小的裂纹，见图4-2-2。X射线测试发现漏水区域和附近未漏水区域存在缺陷。取样作金相检查发现，漏水处的缺陷为处于临界穿透壁厚状况的裂纹；未漏水处的缺陷为尚未穿透的裂纹。裂纹的方向与内外壁母线成45°~60°的夹角，见图4-2-3。

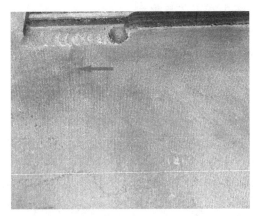 

图4-2-1　壳体外壁漏水处　　　　　　图4-2-2　壳体漏水处内壁的宏观形貌

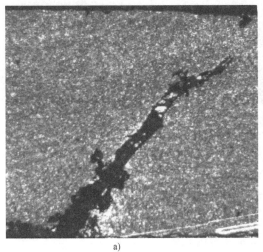 

a)　　　　　　　　　　　　　　　b)

图4-2-3　壳体缺陷处的金相图片　25×

a）喷雾漏水处的裂纹　b）未穿透的裂纹

综合分析：由于旋压工艺参数不当，导致壳体内壁产生与内外壁母线成一定夹角的裂纹缺陷，经切削加工后，缺陷尚未完全切除，并在后续工序中有所扩展，水压试验时处于临界穿透状况的缺陷在高压下张开，导致壳体在水压足够高时以喷雾的形式漏水。

失效原因：旋压工艺参数不当产生旋压裂纹导致壳体漏水。

改进措施：优化旋压工艺，防止出现旋压裂纹；加强对旋压件的质量检验，将有裂纹缺陷的工件剔出。改进后，再未出现因旋压裂纹导致的壳体水压试验喷雾漏水的情况。

例 4-3 弹体毛坯黑皮车除不净引起的淬火裂纹

零件名称：弹体毛坯

零件材料：55SiMn

失效背景：某型弹药用弹体所用的原材料为 55SiMn 合金结构钢方钢棒材，熔炼方式为电弧炉+炉外精炼，供应状态为热轧状态；弹体毛坯生产工艺流程为：方钢棒料→下料→感应淬火→压型、冲孔→拉伸、辊挤→粗加工→调质处理→精加工，淬火热处理加热和保温在真空炉中进行。对热处理和精加工后的某批次弹体毛坯进行检测，发现有数个弹体存在纵向裂纹。

失效部位：弹体毛坯表面。

失效特征：弹体裂纹沿纵向开裂，形貌刚直，见图 4-3-1。裂纹两侧组织与正常部位的基体组织明显不同，正常部位的基体组织为均匀回火索氏体，见图 4-3-2；裂缝两侧存在脱碳，组织为块状铁素体+回火索氏体，见图 4-3-3。

图 4-3-1 裂纹的宏观形貌

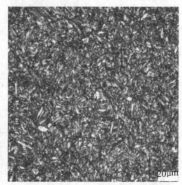

图 4-3-2 正常部位基体的组织形貌

图 4-3-3 裂纹边缘的金相组织形貌

综合分析：弹体裂纹两侧存在脱碳，这说明该缺陷是起源于锻造过程中；淬火时弹体毛坯表层产生拉应力，由于锻造过程中产生的脱碳层在粗加工时未能完全车除，导致拉应力大于材料表面的抗拉强度，产生了淬火开裂。

失效原因：弹体毛坯表面黑皮下脱碳层引起淬火裂纹。

改进措施：严格控制锻造工艺，防止弹体毛坯出现壁厚不均，以确保弹体毛坯表面的黑皮能车除干净。锻造工艺改进后，弹体的壁厚差得到控制，该型弹体毛坯未再出现因脱碳层产生的淬火裂纹。

例 4-4 弹体毛坯折叠引起的锻造裂纹

零件名称：弹体毛坯

零件材料：50SiMnVB

失效背景：某型弹药的弹体所用原材料为 50SiMnVB 合金结构钢方钢棒材，熔炼方式为电弧炉+炉外精炼，供应状态为热轧状态。弹体毛坯的锻造生产工艺过程为：原材料方钢棒材→锯切下料→感应淬火→压型、冲孔→拉伸、辊挤。在该型弹体毛坯的热锻试验过程中，检查发现某批次弹体毛坯表面存在多条平行的纵向裂纹。

失效部位：弹体毛坯的外表面。

失效特征：在弹体毛坯的外表面存在多条纵向裂纹，裂纹呈圆周向分布，与纵轴的交角约为 30°，裂纹间相互平行，相邻两条裂纹间距基本相同，见图 4-4-1 和图 4-4-2。裂纹的深度为 3~5mm，裂纹开口宽、尾部圆钝，裂纹内为黑色氧化物，裂纹两侧为白色铁素体组织，见图 4-4-3；远离裂纹处组织为珠光体和网状铁素体，晶粒粗大，组织呈轻微的魏氏组织特征，见图 4-4-4。

图 4-4-1　辊挤后的弹体宏观表面形貌

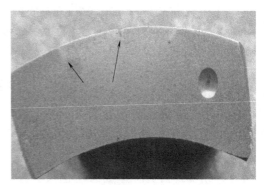

图 4-4-2　50SiMnVB 钢热锻时产生的折叠、脱碳宏观形貌

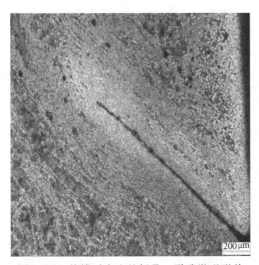

图 4-4-3　热锻时产生的折叠、脱碳微观形貌

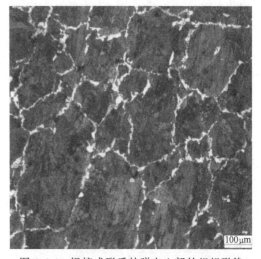

图 4-4-4　辊挤成形后的弹丸心部的组织形貌

综合分析：弹体毛坯表面的裂纹沿圆周向平行分布，裂纹与纵轴存在一定角度的斜角，裂纹间相互平行，相邻两条裂纹间距基本一致，并且裂纹两侧发生了脱碳现象，这些特征与折叠的特征相符，该缺陷属于折叠。上述折叠是由弹体毛坯热锻过程中产生的耳子压入了金

属基体，并把耳子表面的氧化物和脱碳层挤入毛坯内而形成的。

失效原因：锻造工艺不当引起弹体毛坯折叠裂纹。

改进措施：改进锻造工艺和轧辊模具的辊角设计，防止耳子压入弹体毛坯的金属基体。改进热锻工艺和工装后，该型弹体毛坯表面未再发现有折叠存在。

例 4-5 多用途弹体锻造不当引起的锻造裂纹

零件名称：弹体

零件材料：50SiMnVB

失效背景：某型多用途弹药的弹体所用原材料为 50SiMnVB 合金结构钢方钢棒材，熔炼方式为电弧炉+炉外精炼，供应状态为热轧状态。弹体毛坯的辊挤工艺流程：原材料方钢棒材→下料→感应淬火→压型、冲孔→拉伸、辊挤→超声检测。对辊挤后某批次多用途弹体进行超声检测，发现有数个弹体毛坯存在异常波形。

失效部位：弹体毛坯的头锥部位。

失效特征：将存在异常超声波形某一弹体毛坯沿轴向解剖，经抛光后进行低倍浸蚀，发现其头锥截面存在裂纹；裂纹沿锻造产生的流线开裂，形貌平直、细长，裂纹附近的下滑动锥体明显，未发现明显的成分偏析和因偏析所形成的暗色条带或暗色区域，见图 4-5-1。裂纹附近的组织为珠光体和铁素体，晶粒粗大且变形剧烈，见图 4-5-2。弹体壁心部组织为珠光体和网状铁素体，晶界完整，晶粒的变形较小，见图 4-5-3。

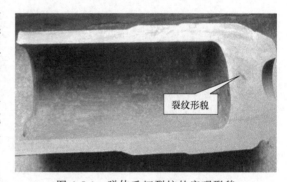

图 4-5-1 弹体毛坯裂纹的宏观形貌

图 4-5-2 裂纹附近的组织形貌

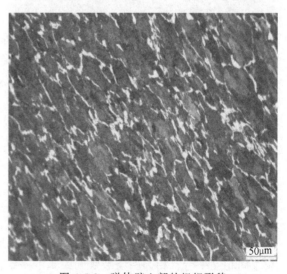

图 4-5-3 弹体壁心部的组织形貌

综合分析：弹体毛坯各部位的晶粒变形、大小不一致，说明中频感应淬火温度不均。由于中频感应淬火温度不均，导致方钢棒料在压型、冲孔时，金属会产生不均匀延伸；弹体毛坯头锥心部温度较低，冲孔时弹体毛坯头锥心部又是变形程度最大的部位，导致金属在该区域产生了剧烈的冷作硬化，致使弹体毛坯头锥心部产生了沿粗大流线开裂的裂纹。

失效原因：锻造弹体毛坯加热温度不均引起锻造裂纹。

改进措施：严格控制工频加热，以确保棒料受热均匀；改进辊挤工艺，确保金属变形均匀，防止工件出现冷作硬化。改进辊挤工艺和保温措施后，未再发现弹体毛坯出现锻造裂纹。

例 4-6　弹体锻造不当引起的表面凹坑

零件名称：弹体

零件材料：50SiMnVB

失效背景：某型弹药的弹体所用原材料为 50SiMnVB 合金结构钢方钢棒材，熔炼方式为电弧炉+炉外精炼，供应状态为热轧状态。该型弹体主要的生产工艺流程为：原材料方钢棒材→下料→感应淬火→压型、冲孔→拉伸→辊挤→粗加工→热处理→精加工。对精加工后的弹体进行检测，发现有数个弹体外表面均存在凹坑。

失效部位：弹体的外表面。

失效特征：弹体外表面的凹坑形状复杂，没有一定的规则形状，见图 4-6-1。凹坑的最大深度约为 3mm，凹坑内表面覆盖一层较厚的灰色氧化皮，见图 4-6-2。凹坑边缘附近组织为索氏体和块状、网状铁素体，见图 4-6-3；弹体正常部位的组织为均匀的回火索氏体，见图 4-6-4。

图 4-6-1　弹体毛坯宏观缺陷形貌

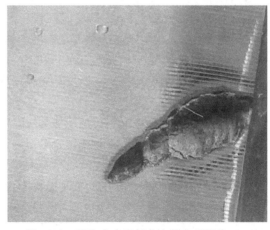

图 4-6-2　凹坑内表面氧化皮的宏观形貌　4×

综合分析：弹体的基体组织正常，该凹坑的产生与热处理无关；凹坑表层存在一层较厚的氧化皮，也未见有明显的开裂，说明该凹坑与原材料无关，该凹坑应是来自于锻造过程中。锐利异物在锻轧时被压入锻件表面下；工装锻轧面残存氧化皮，在锻轧时被压入表面，后又脱落；在锻轧时锻件与工装模具的金属面局部黏附，以上这些因素均可造成表面凹坑。

图 4-6-3　凹坑边缘的金相组织形貌

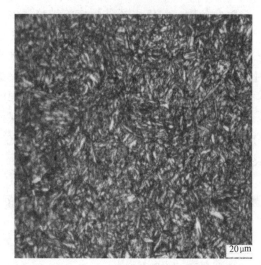

图 4-6-4　正常部位的组织形貌

该缺陷严重者可造成工件尺寸不符合要求，导致工件报废。

失效原因：锻造不当引起凹坑缺陷。

改进措施：改进锻造工艺和锻造工装的质量；仔细清理工装模具和锻件，防止锐利异物黏附于工装表面、锻件表面。

例 4-7　弹体锻造过烧引起的力学性能不合格

零件名称：弹体

零件材料：50SiMnVB

失效背景：某型弹药的弹体所用原材料为 50SiMnVB 合金结构钢方钢棒材，熔炼方式为电弧炉+炉外精炼，供应状态为热轧状态。弹体毛坯的生产工艺流程：棒材→锯切下料感应淬火→压型、冲孔→拉伸、辊挤→完全退火→调质处理→精加工。某批弹体经调质处理后进行力学性能检测，发现其拉伸试棒没有屈服强度，断后伸长率为 0。

失效部位：弹体。

失效特征：弹体的外观形貌见图 4-7-1。拉伸试棒的断口表面粗糙，无金属光泽，断面上的晶粒粗大，各个粗大晶粒的真实边界小刻面保存得较为完整，为沿晶断裂，局部具有石状断口特征，拉伸试棒断口附近无明显断缩，呈明显的脆性断口特征，拉伸试棒的断口形貌见图 4-7-2。断口附近的组织和心部的组织均为粗大的索氏体和部分贝氏体，晶粒粗大，晶界变宽，沿晶界存在粗大的网状、针状铁素体、索氏体，呈现严重魏氏组织特征，基体上富集夹杂物，局部存在沿晶裂纹、三角晶界、晶界熔化等特征，见图 4-7-3～图 4-7-5。

综合分析：拉伸试棒的断口形貌呈石状断口形貌，试棒断口附近无明显缩颈，试棒断口的这种形貌特征与过烧后所致的断口形貌特征相同；试棒局部的基体组织存在沿晶裂纹、三角晶界、晶界熔化等，也与过烧组织特征相符。这表明材料在锻造过程中产生了过烧。过烧会导致晶界脆化、金属晶粒间的结合能力减弱、晶界的结合功降低、脆性急剧增强，轻微的变形就可导致沿晶开裂，甚至破碎，难于产生有效的屈服和延伸。

图 4-7-1　热处理后弹体毛坯的形貌

金相取样位置

图 4-7-2　拉伸试棒的断口形貌

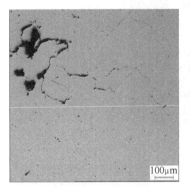

100μm

图 4-7-3　拉伸试棒磨抛后
的形貌

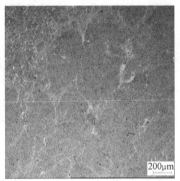

200μm

图 4-7-4　拉伸试棒的组织
形貌（横截面）（一）

20μm

图 4-7-5　拉伸试棒的组织
形貌（横截面）（二）

失效原因：弹体毛坯在锻造过程中产生的过烧导致弹体力学性能不合格。

改进措施：严格控制工频炉温，防止超温现象出现；加强温度仪表的计量检测。经改进后，未再发现该型弹体产生过烧。

例 4-8　弹体锻造过烧引起的蜂窝状孔洞

零件名称：弹体毛坯

零件材料：58SiMn

失效背景：某型 100mm 多用途弹药的弹体所用原材料为 58SiMn 合金结构钢方钢棒材，原材料的熔炼方式为电弧炉+炉外精炼，原材料的供应状态为热轧状态。该型弹体毛坯的生产工艺流程为：棒材→锯切下料→感应淬火→压型、冲孔→拉伸、辊挤→完全退火→调质处理→精加工。某批次该型炮弹弹体毛坯经精加工后进行检测，发现弹体毛坯的头锥部表面存在蜂窝状孔洞。

失效部位：弹体头锥部。

失效特征：弹体外表面的孔洞形貌呈蜂窝状，见图 4-8-1。弹体蜂窝状孔洞附近的横截面组织为粗大的回火索氏体，晶粒粗大，魏氏组织特征明显，基体表面存在较多的三角晶界、熔化孔洞，部分三角晶界已经相互贯穿成裂纹，孔洞内部充满氧化物夹渣，见图 4-8-2 和图 4-8-3。

综合分析：弹体的孔洞均出现于三角晶界处，并沿晶界形成了裂纹，裂纹内部充满氧化物夹渣；孔洞附近的晶粒极粗大、魏氏组织特征明显，这是材料过烧的典型特征。工频加热时，弹体头锥部出现了超温等现象，导致材料产生了过烧。

失效原因：锻造过烧裂纹导致弹体产生蜂窝状孔洞。

改进措施：严格控制工频炉温，防止超温；加强温度计量检测。经改进后，未再发现该型弹体产生过烧。

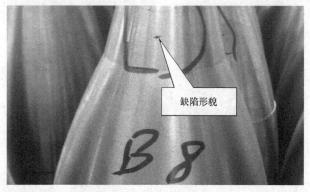

图 4-8-1　失效弹体实物

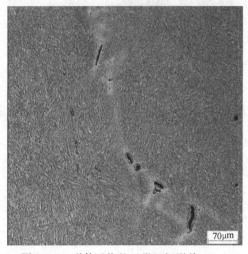

图 4-8-2　弹体过烧的显微组织形貌（一）

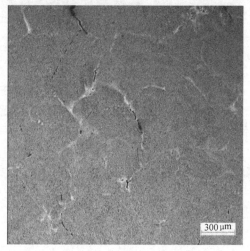

图 4-8-3　弹体过烧的显微组织形貌（二）

例 4-9　压力座锻造折叠开裂

零件名称：压力座

零件材料：黄铜

失效背景：压力座在使用过程中在内螺纹发现裂纹。

失效部位：裂纹产生在压力座的内螺纹处，见图 4-9-1。

　　失效特征：裂纹产生在压力座的内螺纹处，并裂穿整个螺纹，见图 4-9-2。裂纹从内螺纹延伸至表座的外端面上，沿着螺纹外圆呈弯曲状扩展，在外端面裂纹局部已凸起变形，见图 4-9-3。垂直于裂纹方向切割，裂纹呈弯曲状，裂纹在扩展阶段宽窄不一且分段状相连。在裂纹附近还存在数条孤立的裂纹，见图 4-9-4，将磨制好的裂纹件腐蚀，在旁支裂纹尾端存在圆形裂纹，见图 4-9-5，一裂纹尾端还存在层状裂纹，见图 4-9-6。基体的显微组织为 α 固溶体+β 相。

图 4-9-1　开裂的压力座

图 4-9-2　裂纹裂穿整个螺纹

图 4-9-3　螺纹端面裂纹处的凸起

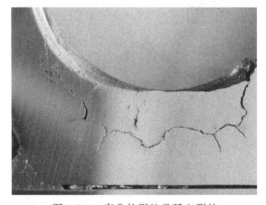

图 4-9-4　弯曲的裂纹及孤立裂纹

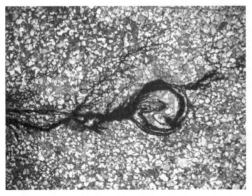

图 4-9-5　裂纹尾端

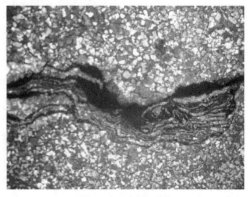

图 4-9-6　层状裂纹

综合分析：压力座化学成分符合技术条件要求，该缺陷与化学成分无关。裂纹的形貌特征与折叠相似，该缺陷是在铜棒轧制过程中形成的折叠；在使用过程中，折叠及夹杂物形成的微裂纹在外应力的作用下扩展，使工件开裂。压力表表座的开裂是由于原材料中存在折叠所致。

失效原因：原材料中存在折叠导致压力表表座开裂。

改进措施：控制产品的锻造生产过程。

例4-10 氧化皮引起的锻造折叠导致曲轴产生裂纹

零件名称：曲轴

零件材料：中碳合金钢

失效背景：汽车发动机曲轴主要制造工艺为下料、锻造、热处理和酸洗。在酸洗清理氧化皮后发现多件曲轴表面有裂纹。

失效部位：外表面。

失效特征：裂纹宏观形貌见图4-10-1和图4-10-2。多数裂纹分布在曲轴1拐的内侧、分模面的一侧，裂纹走向类似。经显微组织观察，裂纹呈一定角度由表面向内延伸，裂纹内夹有氧化物，两侧有高温氧化产物及脱碳，组织无变形，裂纹头部有被酸腐蚀后的腐蚀坑，见图4-10-3～图4-10-5，锻造流线随着裂纹走向变化，见图4-10-6，基体组织为回火索氏体+少量铁素体。

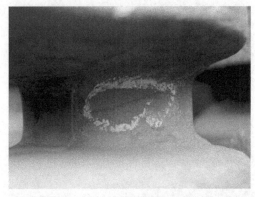

图4-10-1 裂纹位置及形貌

图4-10-2 裂纹宏观形貌

图4-10-3 浸蚀后的裂纹微观形貌 30×

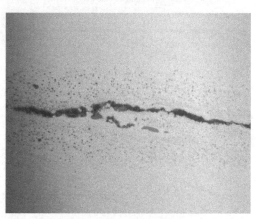

图4-10-4 裂纹两侧氧化 300×

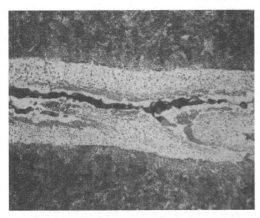

图 4-10-5　浸蚀后的裂纹两侧形貌　300×

图 4-10-6　裂纹与锻造流线

综合分析：由于锻造时将氧化皮等压入零件表面形成锻造折叠缺陷，在酸洗后表面开口扩大成为裂纹。

失效原因：锻造折叠引起裂纹。

改进措施：严格控制锻造工艺，消除锻造折叠缺陷。

例 4-11　锻造过热导致曲轴脆性弯曲过载断裂

零件名称：曲轴

零件材料：中碳合金钢

失效背景：汽车发动机曲轴相关制造工艺为锻造、正火和矫直。在矫直过程中靠近曲轴小头位置发生断裂。同炉次约 100 件，矫直过程中断裂 4 件。

失效部位：曲轴小头 7 柄。

失效特征：断裂曲轴宏观形貌见图 4-11-1，断裂位置位于曲轴小头 7 柄。断口宏观形貌见图 4-11-2，断面基本平行于轴向，较平直、粗糙，亮灰色，有结晶闪点及光亮小平面，无明显塑性变形，断裂源位于轴柄端面，裂纹扩展区呈放射状，裂纹扩展区及瞬时断裂区占断口的大部分面积。SEM 观察断裂源附近断口微观形貌，具有脆性解理断裂特征，有清晰河流状花样及解理台阶，晶粒粗大，具有沿晶二次裂纹，在河流状花样边缘有韧窝，见

图 4-11-1　断裂曲轴宏观形貌

图 4-11-2　断口宏观形貌

图 4-11-3 和图 4-11-4。金相观察，裂纹基本垂直于表面向内沿晶扩展，裂纹两侧无氧化产物及脱碳现象，基体组织为珠光体+沿晶分布的铁素体，为正火组织，见图 4-11-5，实际晶粒度按照 GB/T 6394—2017 评为 2.0~8.0 级，见图 4-11-6。

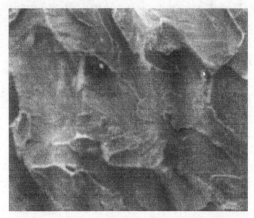

图 4-11-3　河流花样，晶粒粗大　100×

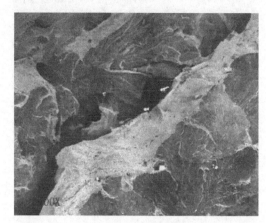

图 4-11-4　沿晶二次裂纹　120×

图 4-11-5　基体组织微观形貌　500×

图 4-11-6　基体实际晶粒度　100×

综合分析：零件宏观断面形成于正火处理之后，由于曲轴锻件锻造过热使晶粒长大，形成粗大的奥氏体晶粒，经正火处理后晶粒被分割成许多小晶粒，虽然起到了细化晶粒的作用，但实际上由于许多小晶粒的位向与原始粗大奥氏体晶粒一致，所以在性能和断口上仍保留了原来粗大奥氏体晶粒的特征。这种原始粗大的奥氏体晶粒遗传，使材料的力学性能，特别是韧性及冲击值明显降低，是导致曲轴矫直受力脆性断裂的主要原因。这种晶粒遗传现象，用一般热处理工艺不易细化。

失效原因：锻造过热导致脆性弯曲过载断裂。

改进措施：严格控制锻造工艺，降低终锻温度，适当加大断裂部位的锻造变形量。

例 4-12　行星齿轮锻造裂纹

零件名称：行星齿轮

零件材料：中碳合金钢

失效背景：某重载车辆用行星齿轮主要制造工艺为下料、自由锻、热处理和粗加工。在粗加工车外圆过程中发现零件表面有裂纹。

失效部位：外表面。

失效特征：行星齿轮裂纹及断口宏观形貌见图4-12-1～图4-12-3。裂纹位于零件外圆的1/2厚度处，沿圆周方向分布，裂纹打开后的整个断面已严重氧化，开裂起始部位的断口氧化锈蚀，呈黄褐色，靠近裂纹尾部的断口呈氧化灰黑色。裂纹位于锻造流线突变处。经显微组织观察，零件表面无脱碳，裂纹从零件外圆表面向基体扩展，裂纹开口较宽，两侧局部有脱碳现象，见图4-12-4，尾部圆钝，裂纹内存在较厚的氧化皮，两侧有呈点网状分布的高温氧化产物，见图4-12-5和图4-12-6。基体组织为回火索氏体。

图 4-12-1　开裂件宏观形貌

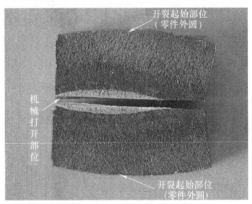

图 4-12-2　断口宏观形貌

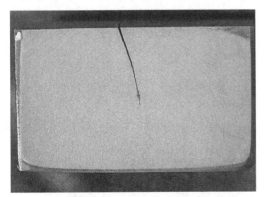

图 4-12-3　裂纹及锻造流线

图 4-12-4　零件表面及裂纹头部　70×

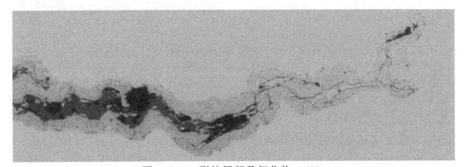

图 4-12-5　裂纹尾部及氧化物　500×

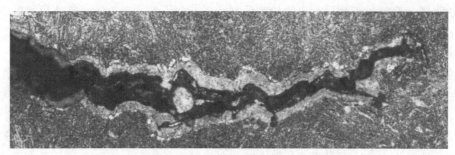

图 4-12-6　图 4-12-5浸蚀后形貌　500×

综合分析：行星齿轮裂纹位于锻造流线突变处，头部较宽，尾部圆钝，裂纹两侧有高温氧化产物及局部脱碳等锻造裂纹特征。锻造流线突变处是零件变形量最大部位，为应力最大部位，易产生锻造裂纹，在粗加工车外圆过程中暴露于表面。

失效原因：锻造裂纹。

改进措施：控制锻造加热温度，避免锻造过热，消除锻造裂纹。

例 4-13　扭转臂锻造过热开裂

零件名称：扭转臂

零件材料：合金结构钢

失效背景：扭转臂的主要工艺流程为：锻造→机械加工→淬火→回火，机械加工过程中发现裂纹。

失效部位：裂纹位于销耳孔内壁根处，由外端面向内扩展，见图 4-13-1。

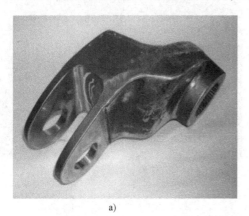
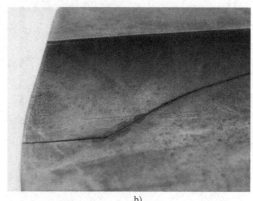

a)　　　　　　　　　　　　　　　　　　b)

图 4-13-1　裂纹件外观及裂纹形态

a）裂纹件整体外观　b）断裂件裂纹形貌

失效特征：裂纹上端呈约 14mm 直线状，然后呈斜向下扩展，总长约 80mm。打开裂纹在裂纹直线段取样作显微组织分析，裂纹边缘未见明显的脱碳现象，与心部组织一样为均匀的回火索氏体，见图 4-13-2，未见明显的热处理调质过程的异常。对试样作晶粒度检测，在晶粒边界上存在圆团状黑色氧化物，呈大小不均匀的局部聚集和分散分布，见图 4-13-3，在有黑色氧化物区域中均存在晶粒大小不均匀的混晶现象。在靠近裂纹断面附近采用人工打断的方法获取一新的断面作扫描电子显微镜分析，微观断面基本呈韧窝状的韧性断裂类型，但在部分单个韧窝中存在颗粒状的硫化物夹杂，这是典型的过热断口形貌，见图4-13-4；少数区域内存在黑色的裂口孔洞，并有显微裂纹沿裂口边缘向外扩展，见图4-13-5。

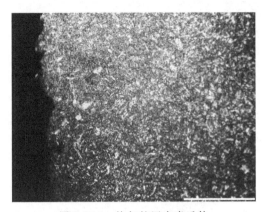
图 4-13-2　均匀的回火索氏体

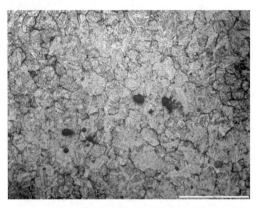
图 4-13-3　混晶及黑色氧化物

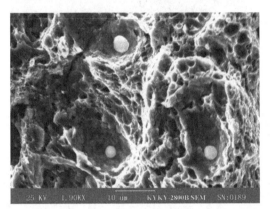
图 4-13-4　韧窝及硫化物夹杂

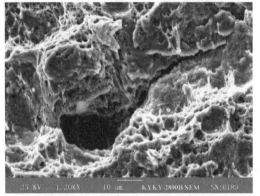
图 4-13-5　黑色孔洞及微裂纹

综合分析：扭转臂化学成分、硬度均符合技术条件要求。显微组织中存在黑色氧化物及晶粒大小不均匀的混晶，表明该裂纹件在锻造加热过程中存在始锻加热温度过高的现象，致使锻件局部发生过烧。虽然在随后的锻打过程中晶粒得到部分细化和组织改善，但是局部过烧的组织是无法消除的。在外应力作用下产生裂纹。

失效原因：扭转臂销耳孔根部的横向裂纹是锻造过程因始锻温度过高造成的局部过烧，在热处理组织应力和热应力共同作用下形成的宏观裂纹。

改进措施：控制锻造温度，避免造成产品过热留下组织缺陷。

例4-14　汽车无级变速器从动带轮疲劳断裂

零件名称：从动带轮
零件材料：合金结构钢

失效背景：某从动带轮在装车后经约 420km 运行后发生断裂。

失效部位：断裂位于 $\phi53mm\times36mm$ 的第三级圆台。

失效特征：断裂的断圆断开成三块，断块 1 弧长为 55mm，断块 2 弧长为 35mm，在本体上最大的断块 3 弧长为 80mm，见图 4-14-1。断裂起始位于一滚道底部距圆台上端面约 8mm 处，在断裂起始部位存在压陷和崩块及由此引起的小裂纹呈纵向断裂，见图 4-14-2。断口表面存在明显的疲劳弧带，见图 4-14-3。从动带轮横截面低倍组织，见图 4-14-4，黑色暗点的疏松呈密集形态分布。滚道距端面 5mm 处未见有滚珠压陷痕的部位，表层有宽 2.75mm、深 0.15mm 的高硬度弧带，见图 4-14-5，该区域硬度值高出内圆表面约 40HV。

图 4-14-1 从动带轮断裂形貌

图 4-14-2 断裂起始处的压陷区和崩块

图 4-14-3 断块的疲劳弧线

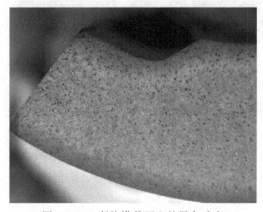

图 4-14-4 断块横截面上的黑色暗点

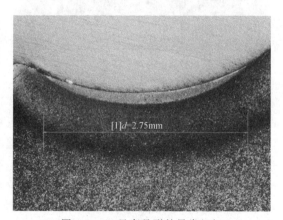

图 4-14-5 呈弯月形的异常组织

综合分析：断裂的从动带轮材料化学成分、圆台内壁表面渗碳层组织、心部组织、显微硬度梯度均符合相关的技术条件要求。断裂滚道未被压陷的部位和断裂起始处渗碳层组织和显微硬度梯度与内孔壁相比存在明显的差异。分别对断块圆台内壁表面经过磨削加工部位和断裂起始部位滚道以及距外端面约 5mm 处未见压陷痕直线滚道，由表面至心部做硬度测试，结果见表 4-14-1。

表 4-14-1　表面至心部硬度

由表面至心部距离/mm	0.05	0.1	0.2	0.4	0.6	0.8	1.0	1.2	1.4
圆台内壁硬度 HV0.3	714	722	702	699	650	633	582	570	512
断裂起始处滚道硬度 HV0.3	497	537	546	585	603	575	564	521	485
距外端面 5mm 处硬度 HV0.3	756	756	458	494	517	527	533	509	487

内壁和滚道均经过磨削加工，但滚道经磨削加工后显微组织和硬度梯度均有明显的变化，表明在磨削加工中产生了较高的磨削热又未能将磨削热及时地带走，使滚道局部温度升高形成不均匀的热传导，造成表层急促升温和冷却使渗碳层发生了组织转变和产生相变应力。当磨削热温度高于渗碳淬火后的回火温度时，使渗碳层组织中的残留奥氏体转变为回火马氏体及少量的回火屈氏体。断裂起始处的表面到 0.4mm 区间硬度值是一低峰值，而 0.4~1.0mm 区间则为正常态的硬度值。图 4-14-5 高硬度区是磨削时产生的磨削热致使该区域发生淬火马氏体组织的转变，在其下则是已经受磨削热而回火的低硬度值区，从 0.20mm 处开始硬度值向心部逐渐上升，这就形成了类似一没有中间过渡区的硬壳状，在滚珠的压应力作用下会压陷和崩裂。在图 4-14-2 中可见断裂起源处的裂纹呈不规则分布，这是异常的淬火马氏体组织在滚珠压应力作用下所形成的裂纹状态，当微裂纹生成后在滚珠线接触的压应力下很快发展为宏观裂纹并逐渐扩展直至断裂。

从动带轮由于结构的因素，采用 φ120mm 的圆钢将中心部位圆台拔长。经锻造后在原材料中的低倍组织缺陷如中心疏松等会集中到用 φ53mm 圆台的横截面上，导致钢中低倍组织缺陷的级别提高。严重疏松分割了金属基体的致密性和连续性，使该部位的抗破断性能和抗疲劳性能也大为降低。

失效原因：磨削热引起组织异常导致疲劳断裂。

改进措施：加强产品的磨削工艺过程控制；加强产品的原材料质量控制。

例 4-15　齿轮锻造过烧开裂

零件名称：齿轮

零件材料：合金结构钢

失效背景：某齿轮经锻造、调质后在机械加工中发现裂纹，见图 4-15-1。

失效部位：裂纹位于齿轮加工毛坯的两端面。

失效特征：裂纹在零件两端面产生，并在 φ95mm 外表面上相向扩展并错开，见图 4-15-2。裂纹件经低倍浸蚀，在未加工的凹槽靠外圆底存在连续状的锻造折叠和较大的孔洞，裂纹沿孔洞向两侧扩展，见图 4-15-3。切开孔洞处裂纹，横截面上裂纹呈次表面开口大、外表面开面小的形

图 4-15-1　开裂齿轮毛坯外观

态，在次表面裂口中有大块氧化物，见图 4-15-4。经晶粒度检测，其晶粒度评判为 7 级，其中存在少量的 3 级晶粒，即存在混晶现象。在晶粒边界存在氧化物和黑色三角晶界、晶界熔化等特征，见图 4-15-5。打断裂纹处的边缘，获得一新的断面，在断面上存在硫化物夹杂，呈平行排列，见图 4-15-6，在少数断面存在黑色的孔洞和沿孔洞扩展的裂纹，见图 4-15-7。

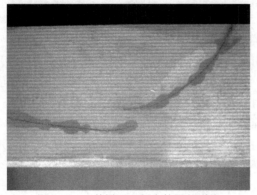

图 4-15-2　外圆面上相向扩展的裂纹

图 4-15-3　锻造折叠及孔洞

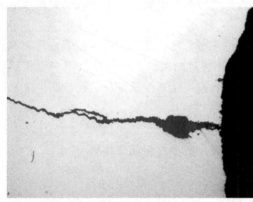

图 4-15-4　裂纹横截面形态

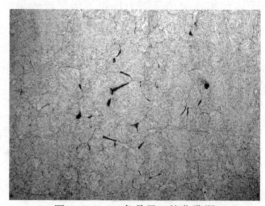

图 4-15-5　三角晶界、熔化孔洞

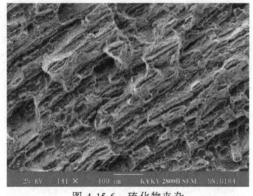

图 4-15-6　硫化物夹杂

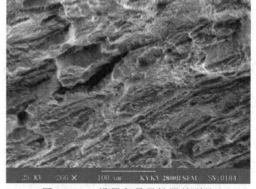

图 4-15-7　沿黑色晶界扩展的裂纹

　　综合分析：裂纹附近存在黑色三角晶界、晶界熔化，晶界内存在氧化产物，说明材料存在过烧缺陷；基体中硫化物较多，锻造、热处理过程中很容易产生低熔点硫化物共晶体，导致过烧。齿轮开裂是过烧引起的。

失效原因：过烧导致工件开裂。

改进措施：控制产品的锻造温度，避免过烧。

例4-16 齿轮锻造折叠开裂

零件名称：齿轮

零件材料：合金结构钢

失效背景：齿轮经锻造、渗碳、高温回火后，在机械加工过程中发现齿轮开裂。

失效部位：齿轮轮齿处。

失效特征：裂纹位于齿轮轮齿处，呈纵向开裂，裂纹垂直于机械加工刀痕呈分段弯曲状扩展，不具有淬火裂纹的形态特征，见图4-16-1。切开裂纹取得裂纹横截面，裂纹开口宽，向内部扩展逐渐变窄。在裂纹扩展过程中产生多次分叉，见图4-16-2。对裂纹进行显微组织观察，裂纹两边存在渗碳层，见图4-16-3。观察试样裂纹尾部，可见裂纹扩展方向与金属流变方向大致相同，见图4-16-4。

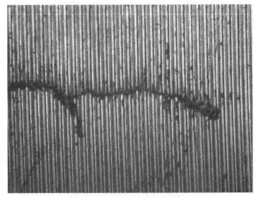

图4-16-1 裂纹外观形态

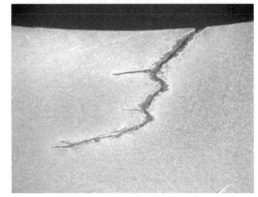

图4-16-2 裂纹横截面形态

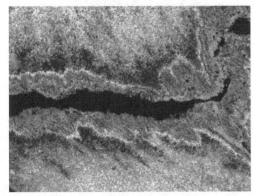

图4-16-3 裂纹两侧的渗碳层

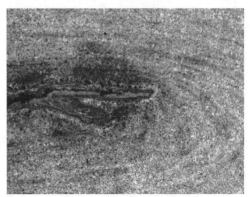

图4-16-4 裂纹尾端及金属流变

综合分析：齿轮化学成分、硬度、显微组织均符合技术条件要求，裂纹与原材料质量无关。裂纹两边存在渗碳层，表明裂纹产生于渗碳工序之前的锻造过程；裂纹尾部圆钝，且与工件外表成一角度，该裂纹与锻造折叠的形态相似。

失效原因：齿轮裂纹的产生是由锻造折叠引起的。

改进措施：改进锻造工艺，避免锻造折叠的产生。

例 4-17 连接齿轮疲劳崩块

零件名称：齿轮

零件材料：合金结构钢

失效背景：某连接齿轮在使用过程中发生崩块。内花键齿共 24 个，崩块的键齿断续发生共计 17 个。

失效部位：崩块位于内花键齿的挡圈卡位槽处，见图 4-17-1。

失效特征：崩块的断面上可见呈线性的疲劳弧线，见图 4-17-2。在连续未崩块的 3 个齿中，其中有一齿是在卡环槽齿根处向外裂开口且未完全断开，见图 4-17-3。由此可知连接齿轮卡环槽齿的崩块是由内向外扩展而成。

图 4-17-1 崩块的连接齿轮外观

图 4-17-2 崩块外观及疲劳弧线

综合分析：崩块的连接齿轮化学成分符合技术条件要求。在崩块处切割取样作硬度测试，其示值为：26.5HRC、27.2HRC、27.6HRC。其硬度值符合产品技术条件 26 ~ 40HRC 的要求，但示值为下限。对卡环槽处的横截面做表面至心部硬度测试，其示值见表 4-17-1。

表 4-17-1 表面至心部硬度

从表面至心部的距离/mm	0.05	0.10	0.20	0.30
硬度 HV0.2	253	262	295	342

图 4-17-3 开裂未完全断开的键齿

由测试结果可知硬度由表面向心部逐渐升高。对其显微组织进行观察发现表面存在一定程度的脱碳区，见图 4-17-4。在崩块的起始断面上还可见在车削加工卡环槽时留下的粗糙的加工刀痕，而疲劳断裂起源呈线性并位于键齿根处，见图 4-17-5。连接齿轮的崩块是由于表面存在脱碳层降低了键齿的硬度和抗疲劳的能力，加之粗糙的加工刀痕的存在造成局部的应力集中，在工作应力的作用下开裂并疲劳扩展直至完全崩块。

失效原因：粗糙的加工刀痕造成局部应力集中导致齿轮崩块。

改进措施：严格控制该齿轮的热处理工艺，避免造成表面的脱碳；控制该卡环槽的加工表面粗糙度，避免粗大加工刀痕的存在造成应力集中。

图 4-17-4　崩块键齿的脱碳层

图 4-17-5　裂纹起源处粗糙的加工刀痕

例 4-18　锻模锻造过热开裂

零件名称：锻模

零件材料：模具钢

失效背景：某锻模在生产 10 余件产品后发生开裂。

失效部位：锻模横向的两桥口发生斜向崩块，见图 4-18-1。

失效特征：两桥口崩块处横向长度分别为 65mm 和 69mm，崩块的原始断面已被完全磨平，但断裂起源均由型腔内斜向朝外扩展，见图 4-18-2。由于崩块的原始断面已完全磨平，其崩块的起始处和断面的宏观形貌特征也无从观察和分析。模具原始断面已被完全磨光，采用人工打断的方法观察分析钢中断面形貌，整个断面呈沿晶状+条带韧窝，见图 4-18-3，断面中还存在不同形貌和长度的黑色裂口，见图 4-18-4，图中的 L 形黑色裂口较不常见，在裂口边缘可见撕裂棱线向外扩展，表明该处是断

图 4-18-1　崩块的锻模外观

裂源。在钢材纵向断面上存在集中分布呈长条状的硫化物夹杂，见图 4-18-5。在横向断面上的韧窝带中存在小韧窝中的点状分布的硫化物夹杂，见图 4-18-6。

综合分析：锻模的化学成分、硬度、显微组织均符合技术条件要求。这种在韧窝中存在的集中分布的硫化物夹杂是钢过热的典型断面形貌，这应是在锻造过程中所留下的组织缺陷。

失效原因：过热组织缺陷在锻打中导致锻模崩块。

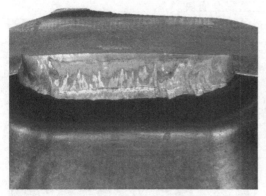

图 4-18-2　崩块锻模的两断面

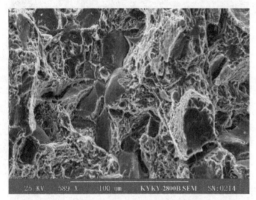

图 4-18-3　断面呈沿晶状+条带韧窝

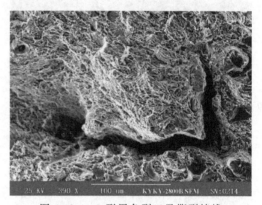

图 4-18-4　L形黑色裂口及撕裂棱线

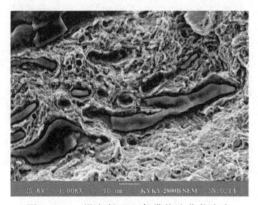

图 4-18-5　纵向断面上条带状硫化物夹杂

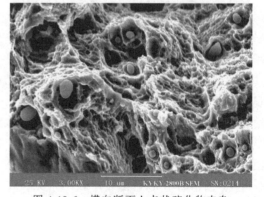

图 4-18-6　横向断面上点状硫化物夹杂

　　改进措施：控制锻造过程的锻造温度，避免产品出现过热组织缺陷残留。

例 4-19　车轴的脆性过载断裂

　　零件名称：车轴

　　零件材料：40Cr

　　失效背景：某型重载汽车的车轴所用原材料为40Cr合金结构钢管材，熔炼方式为电弧炉熔炼，供应状态为热轧状态。该型车轴的生产工艺流程为：原材料轴管→锯切下料→感应淬火→一次旋压成形→感应淬火→二次旋压成形→矫直→完全退火→调质处理→精加工。多根该型车轴在矫直时发生了断裂。

　　失效部位：轴头附近。

　　失效特征：车轴断裂的位置位于轴头附近，见图4-19-1。车轴断裂产生于轴头与主轴连接处，与纵轴成约45°的夹角，断口宏观上呈粗大的颗粒状，断裂起源不明显，断口附近无明显的变形，断口表面无金属光泽，颜色浅灰，有棱角，局部存在少数几个碎石状组织，断口呈石状断口特征，断口宏观形貌见图4-19-2。调质后的试棒断口表面粗糙，无金属光泽，断口面上的晶粒粗大，各个粗大晶粒的真实边界小刻面保存得较为完整，局部具有石状断口特征，见图4-19-3。断口附近的组织均为粗大铁素体、贝氏体、珠光体、夹杂物，晶粒粗大，晶界较宽，存在严重魏氏组织，局部存在晶界熔化特征，见图4-19-4。

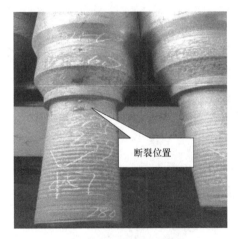

图4-19-1　热旋后的车轴形貌

图4-19-2　车轴断口的宏观形貌

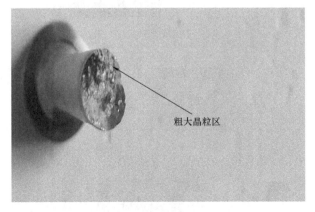

图4-19-3　试棒的拉伸断口形貌

图4-19-4　断口附近的组织形貌

　　综合分析：轴头的断口为石状断口，轴头附近拉伸试棒断口的表面也具有石状断口的特征，轴头的断口形貌特征与过烧断口的特征相符合；微观组织特征也与过烧组织特征相符。

这说明：感应淬火时存在超温现象，致使工件产生了过烧，导致其矫直时产生了脆性过载断裂。

失效原因：过烧导致车轴矫直时脆性过载断裂。

改进措施：改进和严格控制感应淬火工艺，防止出现超温；加强温度计量检测。经改进后，未再发现过烧现象。

例4-20　锻锤尺寸不合适导致车轴锻造折叠

零件名称：火车轴

零件材料：LZ50

失效背景：车轴经精密锻造成形后，发现轴颈及轮座表面有四道相互垂直的纵向裂纹。

失效部位：轴颈及轮座表面

失效特征：四道裂纹沿圆周成约90°角，两两对称，其中一道与圆周表面呈约90°，另三道裂纹成约45°。两处裂纹均呈球拍状，见图4-20-1和图4-20-2。裂纹处均有严重的氧化现象。试样经硝酸酒精溶液腐蚀后，其裂纹形貌见图4-20-3和图4-20-4。裂纹单侧脱碳现象较严重，组织沿球拍圆弧流线分布。

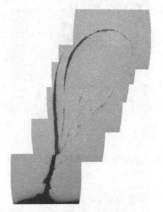
图4-20-1　拼接后的裂纹形貌（一）

图4-20-2　拼接后的裂纹形貌（二）

图4-20-3　裂纹形貌（一）

图4-20-4　裂纹形貌（二）

综合分析：根据裂纹特征可以得出车轴表面裂纹属于锻造折叠，经了解发现锻锤尺寸不合适，导致抬锤后锻锤仍与工件存在摩擦，在工件旋转时形成折叠。

失效原因：锻锤尺寸不合适导致锻造折叠。

改进措施：加强锻锤工艺尺寸设计。

例4-21　矿用摇臂轴热加工不当导致脆性过载断裂

零件名称：矿用摇臂轴

零件材料：45钢

失效背景：矿用摇臂轴所用的原材料材料为45钢棒材，原材料的熔炼方式为电弧炉熔炼，供应状态为热轧状态。矿用摇臂轴的生产工艺流程为：原材料方钢→下料→感应淬火→锻压成形→焊接→矫直→热处理→加工。摇臂轴矫直时有多件出现了断裂现象。

失效部位：摇臂的中部，见图4-21-1。

失效特征：摇臂的断口平整，断面较粗糙，有结晶状及人字纹特征，呈脆性断口，见图4-21-2。断口附近的组织为珠光体和针状、网状铁素体，晶粒粗大，晶粒度大于1级，魏氏组织级别为4级，属严重过热组织，见图4-21-3。

图4-21-1　失效摇臂轴实物

图4-21-2　断轴的断口宏观形貌

图4-21-3　断口附近的组织形貌

综合分析：由于热加工质量差，摇臂存在严重的过热组织，矫直时，在外界应力作用下发生了脆性过载断裂。

失效原因：热加工不当产生的严重过热组织导致摇臂轴矫直时脆性断裂。

改进措施：严格控制感应淬火的温度；加强温度仪表的计量检测。改进加热工艺和加强温度仪表控制后，摇臂轴未再出现矫直断裂现象。

例4-22　中心管冷拔不当引起的表面冷拔裂纹

零件名称：中心管

零件材料：20钢

失效背景：中心管用于制造某型爆破穿孔器的弹体，中心管所用的原材料材料为20钢，原材料的熔炼方式为电弧炉熔炼，供应状态为退火状态。爆破穿孔器的中心管制造工艺流程为：原材料钢管→冷拔→精加工→检测。某批次爆破穿孔器弹体在精加工后进行检测，发现中心管表面存在较多的线状裂纹。

失效部位：中心管外表面。

失效特征：裂纹与管材的冷拔流线方向一致，裂纹较细、深度浅，裂纹之间相互平行，裂纹与纵轴的交角为30°～45°，管材原材料的表面存在流线中断的现象，见图4-22-1。裂纹附近的组织为珠光体和铁素体组织，组织存在轻微的魏氏组织，局部晶粒变形程度稍剧烈，见图4-22-2和图4-22-3。

综合分析：管材的冷拔流向与纵轴的交角为30°～45°，管材表面存在流线突然截断；这说明管材在沿纵向方向冷拔的同时，在横向还存在角度较大的扭转变形，且管材变形较为剧烈，冷作硬化现象较明显，这是管材产生裂纹的主要原因。原材料存在轻微的魏氏组织，导致管材的脆性大、延展性差，也是管材产生裂纹的原因之一。

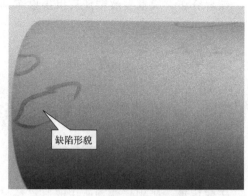

图4-22-1 裂纹的宏观形貌

图4-22-2 裂纹附近的组织形貌

图4-22-3 中心管纵向的组织形貌

失效原因：冷拔不当和存在过热组织导致中心管冷拔裂。

改进措施：改进冷拔工艺和材料质量，防止出现不均匀的延伸和冷作硬化。改进冷拔工艺和原材料质量后，中心管未再出现冷拔裂纹。

例4-23 弹簧钢箍带头部冲压裂纹

零件名称：箍带

零件材料：65Mn 弹簧钢板

失效背景：箍带由弹簧钢板冲压而成，经热处理和表面处理之后，在装配时发现头部有裂纹。

失效部位：裂纹出现在箍带头部冲压弯曲成形处，见图4-23-1。

 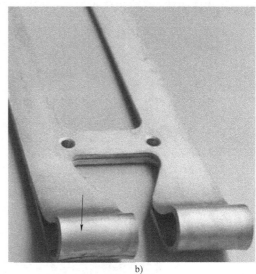

a)   b)

图 4-23-1 箍带头部裂纹

a) 破断 b) 裂纹

失效特征：裂纹存在于冲压弯曲成形的圆弧部位，均为横向裂纹，与原材料的轧制方向大体垂直。取样检查，发现裂纹的断口上有电镀层，表明裂纹在电镀前已存在，见图 4-23-2。

综合分析：冲压时材料硬度偏高，冲压工艺、模具欠佳，产生裂纹缺陷。裂纹缺陷经热处理和电镀工序而扩展导致箍带头部断裂。

失效原因：冲压裂纹。

图 4-23-2 断口上有电镀层

改进措施：控制冲压工艺参数，消除冲压裂纹。

例4-24 冲压不当导致碟簧脆性过载断裂

零件名称：碟簧

零件材料：60Si2MnA

失效背景：某重载车辆用减振碟簧的主要制造工艺为下料、退火和冲压。冲压后开裂。

失效部位：冲裁断面。

失效特征：开裂碟簧宏观形貌见图 4-24-1。零件内外圆均为冲压成形，开裂位置在零件外圆的冲裁断面，裂纹沿外圆周向分布并扩展至板料内部，裂纹中部有一段板料已被剪切掉而形成光亮带，剪切的尾部有被挤压的卷边，暴露的断面呈结晶状。垂直于裂纹取金相试样观察分析。裂纹由冲裁断面延伸至板料内部，开口较宽，形态为穿晶，深度为 2.8mm，见图 4-24-2，冲裁断面和开裂部位的显微组织已变形，并向同一方向位移，见图 4-24-3，基体组织为片状珠光体+球粒状珠光体+铁素体，组织较粗大。

图 4-24-1　开裂碟簧宏观形貌

图 4-24-2　裂纹形貌　30×

图 4-24-3　开裂部位的变形组织　30×

综合分析：碟簧冲裁断面的裂纹主要是受非垂直的剪切力形成的。粗大的基体组织会降低板材的冲压性能，加速了零件冲压裂纹的扩展。

失效原因：冲压不当导致脆性过载断裂。

改进措施：严格执行冲压工艺，消除冲压裂纹。

例 4-25　马氏体时效钢筒形件含硫气氛加热导致锻裂

零件名称：圆筒

零件材料：T250 无钴马氏体时效钢棒

失效背景：T250 马氏体时效钢筒形件由圆形坯料经燃煤反射炉加热后锻造时，多处开裂而停锻。而同炉加热的 30CrMnSiA 钢筒形件由圆形坯料锻造全无裂纹。

失效部位：筒形锻件外圆及两端均有很多裂纹，见图 4-25-1。

失效特征：宏观检查，外圆及端面裂纹很多，内孔除口部以外，孔内基本没有裂纹。对其一端取样切除 20mm 之后发现，在锻件的横截面上，裂纹仅分布于锻件外圆的表层，裂纹深度都在 7mm 以内，锻件内部没有裂纹，见图 4-25-2。

取样进行电子探针测试，发现锻件表层的 S 含量明显高于锻件芯部，见图 4-25-3。

综合分析：T250 钢中 Ni 的质量分数为 18%～20%，燃煤反射炉内气氛中的硫含量偏高，导致硫渗入镍含量较高的锻件表层，产生热脆开裂。

失效原因：含硫气氛中加热的高镍量 T250 钢坯料在锻造时产生锻件表面开裂。

改进措施：改用炉气中含硫量极少的加热炉，防止硫对锻件的不良影响。改进后，

图 4-25-1　T250 钢筒形件锻造裂纹

图 4-25-2　开裂锻件的横截面

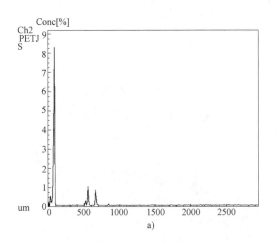

a)

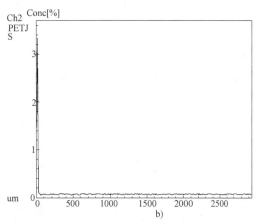

b)

图 4-25-3　S 元素从锻件表面至内部的分布情况

a）带有裂纹试样的 S 元素分布曲线　b）不带裂纹试样的 S 元素分布曲线

T250 钢锻件表面开裂问题得到圆满解决。

例 4-26　钛合金管形件原材料锻造裂纹

零件名称： 管形件

零件材料： TC11 钛合金棒

失效背景： 一种钛合金管形件由钛合金棒材切削加工而成。在切削加工过程中发现少量工件有裂纹。对加工成零件的该批管形件进行无损检测，发现少部分管形件外圆上有裂纹，见图 4-26-1。

失效特征： 裂纹大多是沿着产品（棒材）纵向方向，分布在材料的表层。对尚未穿透的裂纹取样检查横截面，可见裂纹在横截面上呈现出圆弧轨迹，表明该裂纹产生后又随棒材发生了塑性变形，见图 4-26-2。开裂件的正常区域的显微组织为典型的等轴 α+β 两相组织，且初生 α 相的粒度尺寸较小、分布均匀，见图 4-26-3。裂纹区域的显微组织同样为等轴 α+β

两相组织，但是越是靠近裂纹，其初生 α 相（白色相）的数量就越多，见图4-26-4。表明该裂纹产生后，其钛合金材料还进行了加热并在裂纹区域发生了一定程度的吸氧。电子显微镜、能谱检测也证实裂纹区域含氧量高，见图4-26-5和图4-26-6。

图 4-26-1　管形件在切削加工中
发现的裂纹

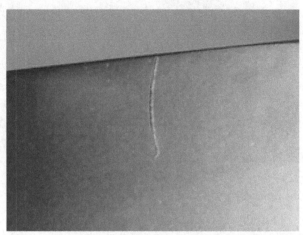

图 4-26-2　横截面试样上的裂纹宏观形貌

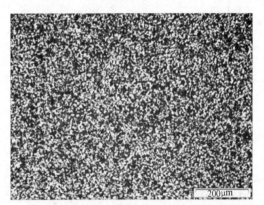

图 4-26-3　开裂件正常部位的显微组织

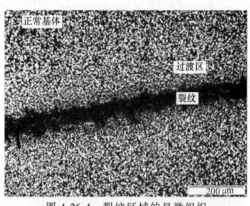

图 4-26-4　裂纹区域的显微组织

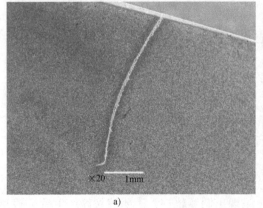

a)　　　　　　　　　　　　　　　b)

图 4-26-5　裂纹的电子显微镜扫描形貌

a）电子显微镜下的裂纹　b）能谱检测区域

综合分析：热强钛合金棒从原料到合格棒材需经熔炼、锻造、打磨、热处理、车磨、检验等多道工序，其中高温反复揉锻难免不产生锻造缺陷，需要打磨净缺陷之后再进行下一步的锻造和低温精锻。由于缺陷打磨不彻底，导致缺陷在后续锻造和精锻中扩展成较大的裂纹。由于其材料检验因检测方法不完善而发生漏检，导致机械制造厂在管形件的制造及检验中发现存在裂纹而失效。

失效原因：原材料锻造裂纹。

改进措施：降低高温锻造反复揉锻量，避免产生锻造裂纹。

元素	质量分数 (%)	原子分数 (%)
O K	17.33	33.34
Al K	1.72	1.96
Ti K	71.16	45.73
Zr L	1.02	0.34
Mo L	1.71	0.55

图 4-26-6　裂纹区能谱扫描成分

例 4-27　铝合金尾翼挤压工艺不当引起的表面麻面

零件名称：铝合金尾翼

零件材料：2024

失效背景：2024 铝合金是常规弹药常用的可热处理强化的 2 系铝合金材料之一。2024 铝合金型材用于某型多用途弹药的尾翼组件。2024 铝合金尾翼的制造工艺流程为：铝锭→理化检测→正向热挤压成形→矫直→淬火→时效→二次矫直→尾翼下料→精加工。某型多用途弹尾翼经热处理后进行检测，发现多件尾翼的表面存在麻面。

失效部位：尾翼表面。

失效特征：尾翼的表面存在一种不规则的蝌蚪状、点状缺陷，表面形貌与正常工件的表面形貌不同，尾翼的外观形貌见图 4-27-1。缺陷处的组织为 α 固溶体，α 固溶体上分布着少量均匀分布的合金相，属正常组织，见图 4-27-2。

图 4-27-1　尾翼的外观形貌

图 4-27-2　尾翼的显微组织形貌

综合分析：尾翼缺陷处的组织正常，该缺陷的产生原因与热处理、材料无关；尾翼表面存在的这种缺陷来自于挤压过程中，模具工作带硬度不够或软硬不均、挤压温度过高、挤压速度过快或不均匀、模具光洁度差或表面存在金属毛刺、挤压铸锭毛坯过长等，均可产生此种缺陷。

失效原因：挤压工艺不当产生尾翼表面麻面。

改进措施：保证模具硬度和硬度均匀；采用合适的温度和挤压速度；合理设计模具，保证表面的光洁度；采用合理的铸锭长度。改进挤压工艺和工装后，尾翼表面未再发现存在麻面缺陷。

例 4-28　硬铝合金支撑盘冲压不及时导致材料硬化冲压开裂

零件名称：支撑盘

零件材料：2A12

失效背景：支撑盘由板料下料、冲盂、固溶处理、冲压加强筋、冲孔、切削加工、阳极氧化等工序而制成。一批支撑盘在阳极氧化后检验时发现存在裂纹。

失效部位：裂纹出现在支撑盘底部加强筋的材料弯曲圆弧处，见图 4-28-1。

失效特征：裂纹全都出现在冲压加强筋时材料弯曲拉伸变形较大的部位。其中少数开裂严重的，裂纹穿透了零件壁厚，见图 4-28-2。取样检查发现断口上存在阳极氧化膜，见图 4-28-3，表明阳极氧化前已出现裂纹。

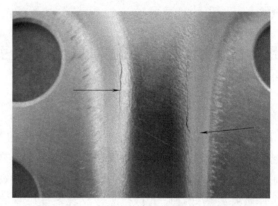

图 4-28-1　支撑盘底部凸筋边缘上的裂纹

a)

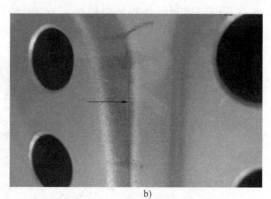

b)

图 4-28-2　支撑盘底部的穿透裂纹

a) 盘内面凸筋上的裂纹　b) 盘外面凹筋根部的裂纹

综合分析：这种支撑盘是利用 2A12 铝合金在固溶处理后具有强度较低、塑性较高、有利于成形的特点在固溶处理后进行校形和压筋的，但由于在固溶处理之后的放置中，材料强度将逐渐升高，成形性逐渐变差，所以校形和压筋应在固溶处理后及时进行，否则易出现冲压裂纹。为验证开裂原因，进行了验证试验：取冲盂后的支撑盘约 100 件，固溶处理后检验全无裂纹。固溶处理之后随机抽取 2 件放置 5h+50min 之后再冲压加强筋，其余 90 余件在固溶处理后 50min 之内及时冲压加强筋。试验结果：固溶处理之后在 50min 之内冲压加强筋的

90余件支撑盘在冲压加强筋后，以及在后续阳极氧化之后检验，全无裂纹；在固溶处理5h+50min之后再冲压加强筋的2件支撑盘全都出现了裂纹，其裂纹形貌与前述阳极氧化发现的裂纹完全一致，见图4-28-4。

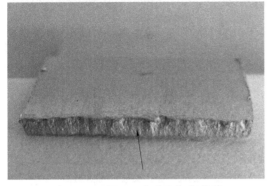

图4-28-3　断口上存在阳极氧化膜

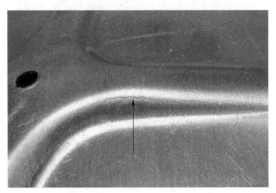

图4-28-4　固溶处理5h+50min之后
压筋试验重现的裂纹

失效原因：校形和压筋没有在固溶处理后及时进行，导致压筋时材料发生时效硬化，从而出现冲压裂纹。

改进措施：减少固溶处理后至冲压工艺前之间的放置时间，以降低冲压裂纹率。

例4-29　锻造不当引起的壳体内表面淬火裂纹

零件名称：壳体

零件材料：7075

失效背景：某型壳体所采用的原材料为7075超硬铝合金棒材，原材料的供应状态为退火态，7075铝合金原材料棒材的挤压方式为反向挤压。壳体的制造工艺流程为：铝棒（退火态）→锯切下料→温挤成形→固溶处理→人工时效→精加工→阳极氧化。某批次壳体经热处理后进行检测，发现有8个壳体的内圆锥表面存在多条裂纹。

失效部位：壳体内圆锥表面。

失效特征：裂纹宏观形貌刚直，垂直于横向截面，见图4-29-1。裂纹沿粗大晶粒的晶界开裂，裂纹内充满黑色氧化夹杂物，裂纹两侧未见复熔共晶球、复熔三角、晶界宽化等过烧特征存在，见图4-29-2。裂纹两侧的晶粒粗大，呈纤维状，见图4-29-3；壳体心部的组织：α固溶体上弥散状分布有极少量的未溶合相，见图4-29-4。

综合分析：铝棒温挤成形工艺不当，局部的变形不均匀，并落入临界区域，导致铝合金在挤压过程中产生了不均匀的再结晶，在随后淬火处理时，再结晶晶粒充分长大成粗晶粒，随后挤压时形成了粗纤维状晶粒。此类粗纤维状晶粒组织产生，导致了材料的力学性能降低，晶界的结合功降低，淬火冷却时，在淬冷应力作用下产生了沿晶淬火开裂。

失效原因：温挤成形工艺不当导致壳体内表面产生淬火裂纹。

改进措施：改进温挤成形和设计工艺，防止温挤成形时出现变形不均匀和落入临界区域范围内。改进后的壳体内表面未再发现存在淬火裂纹。

图 4-29-1　失效壳体实物

图 4-29-2　壳体裂纹的微观形貌

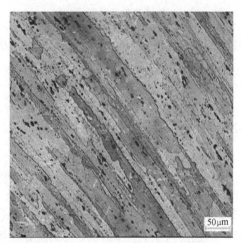

图 4-29-3　裂纹附近的组织形貌特征

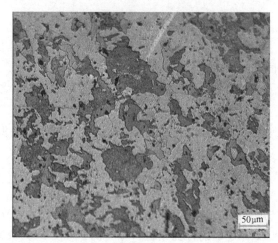

图 4-29-4　壳体心部的组织形貌

例 4-30　超硬铝合金尾翼座锻造不当引起的锻造裂纹

零件名称： 尾翼座

零件材料： 超硬铝合金

失效背景： 某型弹药的尾翼座所采用的原材料为某 7 系超硬铝合金棒材，原材料的供应状态为退火态，铝合金原材料棒材的挤压方式为反向挤压。该型弹药尾翼座的制造工艺流程为：铝棒（退火态）→锯切下料→温挤成形→固溶处理→人工时效→精加工→阳极氧化。该型炮弹尾翼座在热处理后检测，发现共 6 件工件存在裂纹。

失效部位： 工件的头部、尾部的横截面。

失效特征： 裂纹沿纵向开裂，6 件失效件的裂纹位置和裂纹走向一致，其形貌见图 4-30-1。解剖其中一件，发现裂纹平行于零件的长度方向并贯穿零件的上、下端面，裂纹与材质流线的方向一致，见图 4-30-2。人工打开该失效件，头部和细端部断口宏观形貌基本一致，断口均呈现深灰色，纤维方向一致，见图4-30-3和图4-30-4。断口表面覆盖着厚厚的一层氧化皮，断口SEM形貌见图4-30-5。经能谱分析头部断口O的质量分数≥60%，细端部断口O的质量分数≥40%。氧化最严重的头部局部呈沿晶特征，大部分区域沿晶特征不明显。失效件的纵向组织呈带状纤维组织，α固溶体上分布有大量与纤维方向一致的链状暗黑色相。

图4-30-1 尾翼座裂纹的形貌

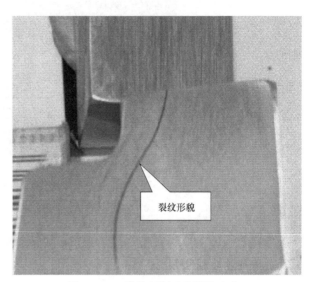

图4-30-2 零件解剖后的裂纹走向

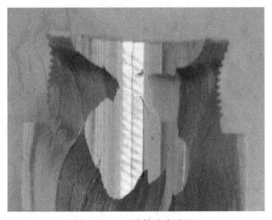

图4-30-3 零件头部断口

图4-30-4 零件细端部断口

综合分析：失效件的断口表面存在氧化皮，头部氧化比细端部严重，且呈沿晶特征，其他大部分区域沿晶特征则不明显；头部裂纹和细端部裂纹相互贯穿，且与材质锻造流线的方向一致，这些特征表明：导致失效件裂纹的应力主要来自于温挤成形过程，裂纹先从失效件的头部起源并在随后的温挤成形过程和热处理过程中进一步扩展，温挤成形不当是裂纹产生的主要原因。较多的难溶脆性第二相起着裂纹源的作用，铝合金熔炼质量差也是产生裂纹的原因之一。

失效原因：温挤成形不当和铝合金冶金质量较差导致尾翼座产生挤压裂纹。

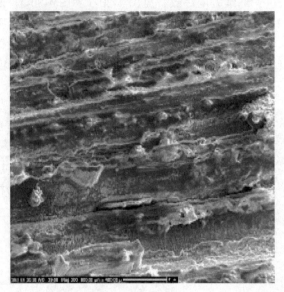

图 4-30-5　零件头部断口特征

　　改进措施：改进温挤成形工艺；提高铝合金的熔炼和净化质量。工艺和熔炼质量改进后的尾翼座未再出现挤压裂纹。

例 4-31　粗晶引起的超硬铝合金板淬火裂纹

　　零件名称：7A04 超硬铝合金板

　　零件材料：7A04

　　失效背景：某型地爆弹药用铝合金板所采用的原材料为 7A04 超硬铝合金板材，原材料的供应状态为退火态。该型地爆弹药用铝合金板的制造工艺流程为：原材料铝锭→热挤压→精整→淬火→人工时效→精整→下料→精加工→硬质阳极氧化。该型地爆弹药用超硬铝合金板经表面处理后进行检测，发现多数铝合金板的表面存在裂纹。

　　失效部位：铝板表面。

　　失效特征：铝板表面裂纹的形貌见图 4-31-1。先将铝板在体积分数为 15% 的 NaOH 水溶液中浸蚀，然后用体积分数为 25% 的 HNO_3 水溶液出光，裂纹形貌为沿晶开裂的网状裂纹，见图 4-31-2。挤压后铝板的横截面低倍组织形貌见图 4-31-3，外表面是潜在的固溶处理后的粗晶区。

　　综合分析：原材料铝锭热挤压时，由于工艺参数选择不当，使得铝板热挤压变形不均匀，铝板外表面受到了剧烈剪切变形，且落入了临界区域，导致铝合金板在固溶过程中产生了不均匀的再结晶，外表面形成了粗大晶粒；在随后水中快速冷却时，在淬火应力的作用下产生了沿粗晶晶界的淬火裂纹。

　　失效原因：铝合金板挤压工艺不当产生淬火裂纹。

　　改进措施：合理地设定和控制变形量；严格控制热挤压工艺参数，如保温温度、润滑质量、挤压应力，防止局部变形落入临界区域。

图 4-31-1　铝板表面处理后的宏观缺陷形貌

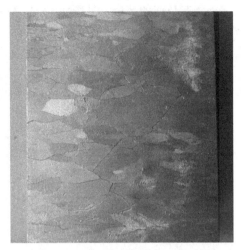

图 4-31-2　铝板经强碱性溶液褪色后
的宏观裂纹形貌（外表面）

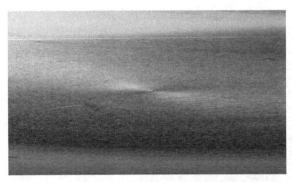

图 4-31-3　铝板挤压后的低倍组织宏观形貌（横截面）

例 4-32　挤压不当引起的铝合金筒形件过烧裂纹

零件名称： 筒形件

零件材料： 7A04

失效背景： 一种铝合金带底筒形挤压件由 7A04 铝合金棒材经挤压成形、热处理、切削加工、表面处理等工序而制成。过去挤压质量稳定，没有发现裂纹问题。一批挤压件在切削加工过程中发现少量工件有裂纹，对切削加工完毕的该批工件进行无损检测，发现大部分工件有裂纹。经检测合格的工件在经表面处理之后的检验中，又发现其中少量工件有裂纹。

失效部位： 裂纹均出现在工件的底部。

失效特征： 少数工件的裂纹出现在底部外侧与筒部之间的圆弧部位，裂纹呈切向分布，有些大裂纹由数条断断续续的小裂纹组成，见图 4-32-1；大多数开裂件的裂纹出现在底部内侧的底平面与底斜面相交的环形的圆弧部位，裂纹为弧形，见图 4-32-2。其他部位均未发现裂纹。打开底部外侧的大裂纹，可见断口有明显的氧化物，见图 4-32-3。剖开底部内侧有弧形裂纹的开裂件，在纵截面低倍试样上可见裂纹沿材料流线分布，出现裂纹的部位，均位于底部外侧有凸筋的部位，见图 4-32-4。检查显微组织发现，晶粒沿挤压方向伸长，在 α 固溶体上分布着不溶杂质相，裂纹沿挤压方向扩展，裂纹两侧存在细小沿晶裂纹，具有挤压高温点过烧的特征见图 4-32-5~图 4-32-7；裂纹区域以外的组织为正常 CZ 状态组织。

图 4-32-1　挤压件机械加工后底部
外侧部位的裂纹

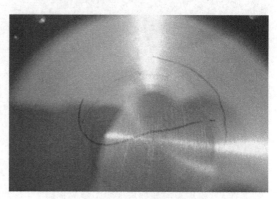

图 4-32-2　挤压件机械加工后内腔
底部的细小环形裂纹

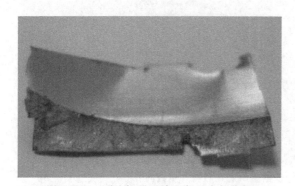

图 4-32-3　裂纹打开后检查断口有氧化物

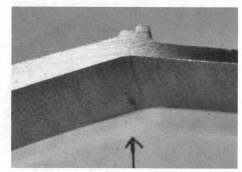

图 4-32-4　环形裂纹出现的内圆弧部位背面有筋

图 4-32-5　裂纹口部　100×

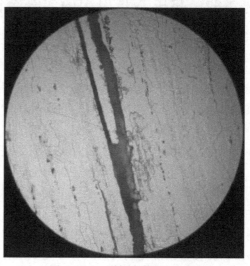

图 4-32-6　裂纹中前部　100×

综合分析：该产品生产多年，过去产品质量稳定，其工艺已经成熟。对该批挤压件所用的同一批原材料进行成分、低倍、夹杂物等项复验检测均合格。对该批挤压件生产过程进行调查发现，挤压设备当时存在压力不够稳定的问题，由于后来生产现场突遇水灾，挤压前坯料加热的记录数据丢失，查无实据。经查热处理过程符合工艺要求。在挤压设备修复，挤压加热设备更新之后，用剩余的同一批原材料进行挤压、热处理、机械加工、表面处理之后，均未出现裂纹问题。所以其裂纹产生的原因是挤压时压力机压力过大或坯料加热温度偏高导致挤压时工件内部的高温点温度超过了材料的过烧温度，导致产生了过烧裂纹。热处理和表面处理均有使挤压产生的裂纹扩展的作用。

失效原因：挤压工艺不当引起过烧。

改进措施：严格执行挤压工艺。

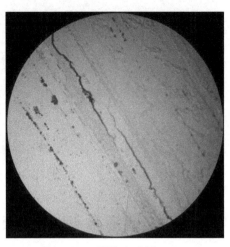

图 4-32-7　裂纹中后部　100×

第5章　热处理缺陷因素引起的失效26例

例5-1　热处理质量不合格导致齿圈磨损失效

零件名称：主动齿圈

零件材料：铸造中碳合金钢

失效背景：重载车辆在完成2000km试验后，主动齿圈上各个传动齿面出现严重磨损而失效。

失效部位：齿圈的传动齿面与齿根部位。

失效特征：经使用，齿圈上传动齿由原来正常的"矮胖"因磨损变成了"瘦高"，传动齿面的磨损量最多的达到了1/3齿面宽度，见图5-1-1和图5-1-2。

图 5-1-1　刚使用时的正常齿圈

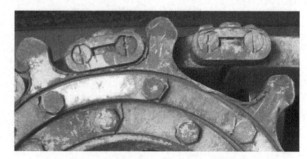

图 5-1-2　使用2000km后严重磨损的齿圈

综合分析：齿面磨损降低了齿圈强度，还加大了拨齿间距，严重干扰了齿圈上各齿与履带的传动啮合。当传动齿面磨损量达到一定的临界值，齿圈因传动齿磨损报废。理化分析显示，齿圈材料的化学成分、冶金缺陷均符合技术条件要求，硬度检测不合格。进一步分析发现齿圈中频感应淬火硬度低，淬硬层薄，热处理质量不满足技术要求。

失效原因：传动齿啮合部位因热处理硬度低导致齿圈严重磨损失效。

改进措施：完善工艺装置，调整并优化工艺参数，得到满足技术要求的淬火硬度及淬硬层，制造出符合技术要求的成品，提高齿圈的耐磨性。

例5-2　表面增碳缺陷导致纵推力杆杆体弯曲过载断裂

零件名称：纵推力杆杆体

零件材料：中碳合金钢

失效背景：某车辆用纵推力杆杆体主要制造工艺为下料、机械加工、热处理和矫直。在矫直的过程中纵推力杆杆体发生断裂。

失效部位：零件表面。

失效特征：纵推力杆杆体的断裂位置和断口形貌见图 5-2-1 和图 5-2-2。如图 5-2-2 中箭头所示，断口平齐，银灰色，有金属光泽，断裂源为多源，位于零件表面一侧，从零件表面一侧向另一侧快速扩展。在断口附近基体上取横向低倍试样，浸蚀后发现表面有增碳现象。在断裂源处取样观察，断裂起始处未发现明显冶金缺陷，断面无氧化现象。基体非金属夹杂物参照 GB/T 10561—2005 评为 A1 级、B1 级、C0 级、D0 级，基体组织为回火屈氏体。零件表面有增碳层，深度为 0.45mm，其宏观形貌见图 5-2-3，用移动光谱仪测得表层碳的质量分数为 0.81%。增碳层微观形貌见图 5-2-4。断口附近的零件表面硬度高于基体硬度，超出相关要求。

图 5-2-1　断裂位置

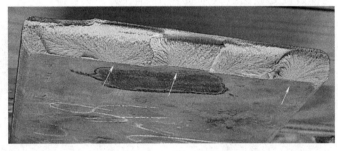

图 5-2-2　断口形貌

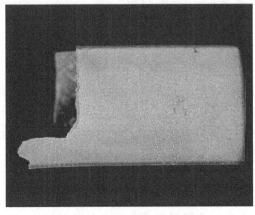

图 5-2-3　表面增碳宏观形貌

图 5-2-4　表面增碳层微观形貌　60×

综合分析：零件表层碳含量很高，且表面增碳层很薄，导致零件表面硬度与基体相差很大，硬度梯度很陡，热处理后又叠加了组织应力，使零件表面形成应力集中，矫直时受到外加弯曲作用力，容易在表层产生断裂源并发生弯曲过载断裂。

失效原因：表面增碳缺陷导致纵推力杆杆体弯曲过载断裂。

改进措施：控制热处理炉内气氛，避免零件表面增碳。

例5-3 组织应力引起的球头销弧形淬火裂纹

零件名称：球头销

零件材料：中碳合金钢

失效背景：某车辆用球头销在高频感应淬火后发现零件表面有裂纹。相关制造工艺为调质处理和球面高频感应淬火。

失效部位：零件表面。

失效特征：零件表面有多处裂纹，见图5-3-1。其中一处裂纹已裂通掉皮，形成断口，断口宏观形貌见图5-3-2，断面较平齐，呈脆性断裂，裂纹源区（见图5-3-2箭头）位于零件次表面，在断口中心，向四周放射，扩展区放射线纹路粗而清晰，占断口的大部分面积。将球头销沿相互垂直的两个方向切开，低倍组织见图5-3-3和图5-3-4。零件部分球面经过高频感应淬火，淬火层显微组织（见图5-3-5）为细小马氏体+少量残留奥氏体；基体存在组织偏析现象，非金属夹杂物沿偏析带分布，基体显微组织（见图5-3-6）为珠光体+针条状铁素体；淬火层与基体过渡处显微组织为细小马氏体+块状铁素体。

图5-3-1 球面弧形裂纹

图5-3-2 断口宏观形貌

综合分析：球头销在高频感应淬火前应进行调质处理，但该零件的心部组织仍为原材料状态，且表面只进行过局部高频感应淬火处理，同时局部高频感应淬火的淬硬层深度、硬度均未达到图样技术要求，使位于零件次表面的组织过渡区应力集中，成为裂纹源萌生所在，而局部高频感应淬火的淬硬层深度、硬度分布不合理，使裂纹源快速脆性扩展，形成起源于零件次表面的一次快速脆性断口。

失效原因：组织应力引起弧形淬火裂纹。

改进措施：高频感应淬火前进行调质处理，并严格控制高频感应淬火工艺。

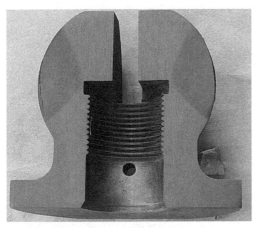

图 5-3-3　纵向剖面低倍组织

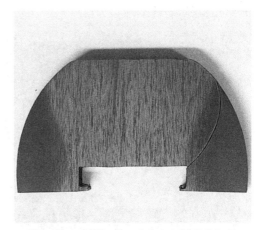

图 5-3-4　与图 5-3-3 垂直方向的低倍组织

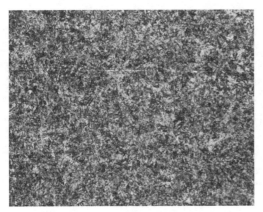

图 5-3-5　淬火层显微组织　500×

图 5-3-6　基体显微组织　500×

例 5-4　汽车发动机曲轴表面磨削裂纹

零件名称：曲轴

零件材料：中碳合金钢

失效背景：某汽车车辆发动机曲轴的主要制造工艺为毛坯锻造、正火、调质处理、机械加工、轴颈圆角及主轴颈表面高频感应淬火和精磨。进行精磨工序时，在与曲轴轴颈垂直的磨削平面上发现细小裂纹。

失效部位：磨削平面。

失效特征：磁粉检测后裂纹的宏观形貌见图 5-4-1。裂纹大致相互平行，垂直于磨削方向，排列规则，呈细小、聚集、断续串接特征。轴颈圆角及主轴颈高频感应淬火层深度为 3~6mm，与轴颈垂直的磨削平面高频感应淬火层最深为 8mm，见图 5-4-2，均超过产品技术要求。经显微组织观察，裂纹为等深裂纹，深度约为 0.20mm，中间宽两头细；裂纹起源于次表层即拉应力最大处，沿带状组织扩展，见图 5-4-3；有些与基体中的非金属夹杂物连通，裂纹两侧及尾部无氧化脱碳现象；零件带状偏析严重，带状组织参照 GB/T 13299—1991 评为 4 级，见图 5-4-4。

图 5-4-1　磁粉检测后裂纹的宏观形貌

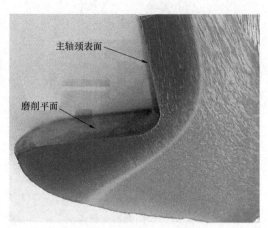

图 5-4-2　组织分布及宏观偏析

图 5-4-3　裂纹沿带状组织分布　50×

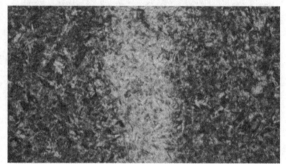

图 5-4-4　基体带状组织偏析　500×

综合分析：由于感应淬火层深过深，在锻件分模面处表面形成较大的残余拉应力。磨削产生的磨削热使零件表面的偏析带产生组织变化和硬度变化，同时也改变了残余应力状态。当产生的残余拉应力超过自身的抗拉强度时，在零件次表层即拉应力最大处萌生裂纹源，导致磨削裂纹。

失效原因：原材料带状组织缺陷和磨削工艺不当产生磨削裂纹。

改进措施：严格控制原材料质量，保证基体带状组织正常，改善零件磨削性能；通过加大磨削冷却液容量和减少磨削进给量，降低磨削温度，避免相变发生；在磨削前增加低温回火工序，减少残留奥氏体量，同时大大降低残余应力。

例 5-5　局部过热导致模锻件开裂

零件名称：模锻件

零件材料：42CrMo

失效背景：锻件经下料→模锻→840℃淬火（油冷）→330℃回火后，发现凹槽部位有裂纹，将裂纹打开后送检进行分析。开裂位置及形态见图 5-5-1，凹槽根部较尖锐，原裂纹部位有呈现蓝色的回火色。

a)

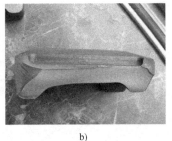
b)

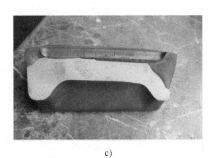
c)

图 5-5-1　开裂位置及形态

a）开裂位置　b）、c）断口宏观形貌

失效部位：凹槽根部。

失效特征：断口以脆性沿晶开裂为主，呈现冰糖块形貌，见图 5-5-2。打开的正常断口为韧窝型开裂，见图 5-5-3。在未打开的裂纹处取样进行高倍分析，裂纹全貌见图 5-5-4；裂纹尾部细尖，裂纹中部存在较多分支，见图 5-5-5。裂纹口部未见氧化脱碳现象，裂纹附近的基体组织为回火马氏体，局部马氏体组织较粗大，见图 5-5-6。

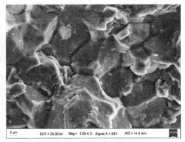

图 5-5-2　冰糖块形貌

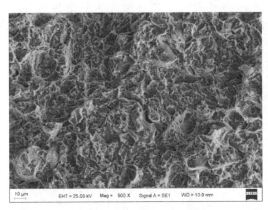

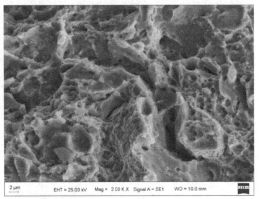

图 5-5-3　正常区域的韧窝形貌

综合分析：裂纹开裂位置处于模锻凹槽底部拐角处，该处金属过渡较尖锐，属于应力集中点。断口呈沿晶开裂，裂纹走势为弧状，裂纹中存在大量分叉，且呈锯齿形，裂纹尾部尖细，裂纹两侧无氧化物及脱碳现象，局部可见粗大马氏体组织。这些特征与过热淬火裂纹的沿晶开裂特征相符。因此，凹槽底部处过渡不够圆滑，形成了应力集中；在后续淬火热处理过程中，由于局部加热温度偏高，形成过热，淬火冷却时在应力集中区域产生了淬火裂纹。

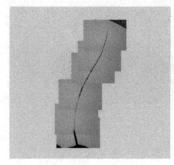 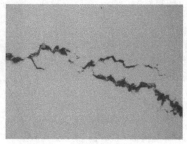 

图 5-5-4 裂纹全貌　　　　图 5-5-5 裂纹局部形貌　500×　　图 5-5-6 裂纹附近的基体组织　500×

失效原因：局部过热导致淬火裂纹。

改进措施：修改模具过渡圆弧，加强热处理过程质量控制。

例 5-6　轮轴淬火不当引起的淬火裂纹

零件名称：轮轴

零件材料：40MnVB

失效背景：某型工程车辆的轮轴所用的材料为 40MnVB 合金结构钢棒材，原材料的熔炼方式为电弧炉熔炼，原材料供应状态为退火态。轮轴生产工艺流程为：钢棒→锯切下料→完全退火→粗加工→感应淬火→低温回火→精加工。对该型某批次感应淬火后的轮轴进行检测，发现轮轴出现了纵向裂纹。

失效部位：轮轴表面的纵向。

失效特征：裂纹沿纵向开裂，宏观形貌刚直，见图 5-6-1。裂纹起源于轮轴台阶处，由表面向心部扩展，尾部尖锐、弯曲，为沿晶开裂；裂纹内无氧化物，两侧没有脱碳，两侧组织与基体组织一致，均为粗大板条状马氏体。裂纹两侧的显微组织见图 5-6-2。

综合分析：轮轴台阶处存在截面尺寸突变，淬火冷却时会在尺寸突变处形成缓冷效应而产生较大应力集中。当拉应力大于材料表面的抗拉强度时，出现了沿晶淬火开裂。淬火加热温度高，致使马氏体粗大，也促进了淬火裂纹开裂。

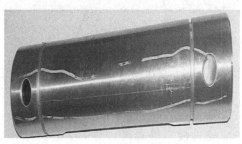 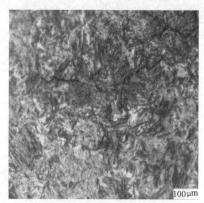

图 5-6-1　轮轴的裂纹形貌　　　　　　　图 5-6-2　裂纹两侧的显微组织

失效原因：淬火区域选择不当和感应淬火温度过高是轮轴淬火裂纹产生的原因。

改进措施：降低电压、电流参数；尽量远离台阶处进行感应淬火。改进工艺后的轮轴未再出现裂纹。

例5-7　热处理表面增碳导致诱导齿开裂

零件名称：诱导齿

零件材料：合金钢

失效背景：某型号车辆的履带板诱导齿采用锻造成形，该诱导齿装车后经约800km的跑车后发现开裂。

失效部位：在诱导齿齿座内外两侧平面上发现各自生成的裂纹，见图5-7-1。

失效特征：裂纹生成于诱导齿销耳孔偏一侧位置呈弯曲相连状，向齿座未加工的锻造自由面扩展，裂穿约11mm的齿座壁厚，见图5-7-2。在销耳孔的圆弧面表面存在0.15mm的渗碳层，见图5-7-3。心部显微组织为低碳回火马氏体，未见组织异常，见图5-7-4。在圆弧表面局部存在横向小裂纹，见图5-7-5。打开裂纹，撕裂棱线呈放射状由圆弧表面向内螺纹部位和齿座上端面快速扩展，撕裂棱线收敛于圆弧表面，该区域尚存在一磨损发亮区，见图5-7-6。该诱导齿心部化学成分分析结果符合相关的技术条件要求，齿座表面碳的质量分数为0.38%，心部碳的质量分数为0.21%，表面碳含量比心部明显偏高。诱导齿加工工艺中没有渗碳热处理工艺环节，横向裂纹表面附近部位的硬度值为55HRC，比心部硬度高。

图5-7-1　开裂的诱导齿外观图

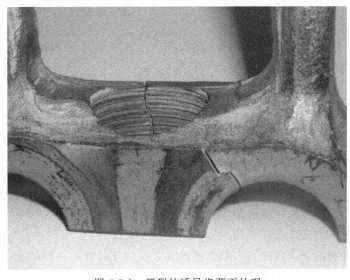

图5-7-2　开裂的诱导齿两面外观

图 5-7-3　表面渗碳层显微组织

图 5-7-4　心部显微组织

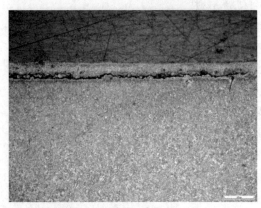

图 5-7-5　局部存在横向的小裂纹

图 5-7-6　打开后的裂纹断面

原因分析： 化学分析结果表明诱导齿表面存在渗碳现象，诱导齿加工工艺中没有渗碳热处理工艺环节，说明渗碳是出现在淬火加热过程中，可能是炉内保护气氛碳浓度过高所致。横向裂纹表面附近的硬度值比心部硬度高，其脆性也大，产生裂纹的敏感性也强，在局部拉应力作用下易开断。

失效原因： 裂纹产生是零件表面碳浓度过高所致，由于该表面硬度高，脆性大，在履带销的工作应力下产生微裂纹，直至完全开裂。

改进措施： 控制诱导齿在最后淬火加热过程中的炉内碳气氛浓度，以防其表面渗碳。

例 5-8　热处理不当导致履带板疲劳开裂

零件名称： 履带板

零件材料： 合金钢

失效背景： 某车辆履带板在经约 1200km 的跑车后发生断裂。

失效部位： 位于履带板靠 3 孔端发生横向断裂，见图 5-8-1。

失效特征： 断裂起始于着地面中间加强筋靠 3 孔端交接处，在断面上可见表面有一宽约 0.5mm 色泽较深的裂纹，在其下是纵向的快速撕裂棱线，断裂是由加强筋顶端向内扩展的，见图 5-8-2。在棱线下可见明显的间距较宽的疲劳弧线，见图 5-8-3。在该条加强筋的靠 4 孔端交接处有一条横向的细小裂纹从加强筋顶端向两侧扩展，见图 5-8-4，该裂纹位置与断裂起源位置基本相对应。与地面上接触的加强筋顶端表面存在约 0.5mm 的贫碳区，见图 5-8-5。对断裂源进行扫描电子显微镜观察，在断口边缘存在短细的横向条纹，见图 5-8-6。断裂的履带板化学成分、硬度值均符合相关技术条件要求。

图 5-8-1　断裂履带板外观

图 5-8-2　断裂起始源

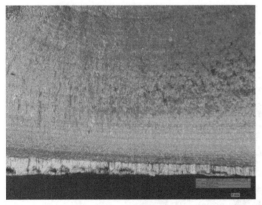

图 5-8-3　裂纹扩展的疲劳弧线

图 5-8-4　起始源附近处的小裂纹

图 5-8-5　断裂起源处的贫碳区

图 5-8-6　断裂起源处的横向条纹

综合分析：加强筋表面为锻造原始面，裂纹起源处为履带板与地面的接触部位，该部位承受整车在运行过程中的冲击力。加强筋顶端表面贫碳区的存在降低了履带板抗冲击和破断的能力，在外部应力的作用下易在该部位产生裂纹源。当受到外部较大的冲击力持续作用时，裂纹逐渐扩展直至断裂。

失效原因：履带板的断裂是由于热处理过程中产生了组织缺陷，从而在工作应力下产生开裂。

改进措施：加强履带板热处理过程中的防脱碳措施，避免产生脱碳。

例5-9　热应力引起的球头纵向淬火裂纹

零件名称：球头

零件材料：20CrMnMo（设计材料为20Cr）

失效背景：某推土机车辆用的零件球头主要制造工艺为锻造、机械加工和热处理。零件热处理后，在搬运过程中从中心轴线处断裂成两半。

失效部位：中心轴线处。

失效特征：断裂的球头及其断口宏观形貌见图5-9-1和图5-9-2。球头沿中心轴线纵向断裂成两半，断面平齐，主裂纹起源于通油孔表面，呈放射状向四周扩展，中心部位纹路较粗。经显微组织观察，断面两侧无氧化脱碳现象，见图5-9-3，渗碳淬火层组织为回火马氏体+少量残留奥氏体，心部组织为回火马氏体+残留奥氏体+铁素体。在球头基体上取样分析，化学成分不符合GB/T 3077—1999中20Cr成分规定，符合20CrMnMo成分规定。

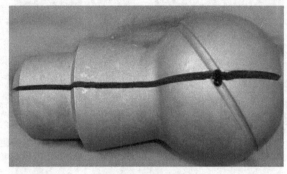

图5-9-1　断裂的球头

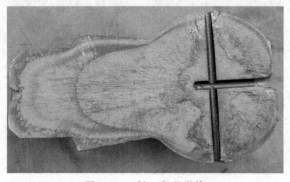

图5-9-2　断口宏观形貌

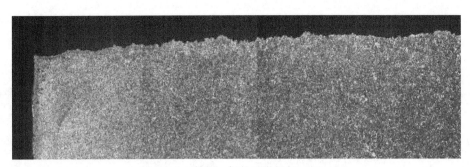

图 5-9-3　断面一侧的显微组织　100×

综合分析：由于错料，淬火时按照20Cr的热处理工艺，不仅淬火温度高，并且冷却介质为水，增加了工件的淬火热应力，导致淬火时产生淬火裂纹，并在随后的搬运过程中断裂。

失效原因：热应力导致纵向淬火裂纹。

改进措施：采用20Cr，重新制造球头；或在保证技术要求的前提下，按照20CrMnMo的热处理工艺进行热处理。

例 5-10　后桥主动曲线齿锥齿轮热处理不当引起的淬火裂纹

零件名称：后桥主动曲线齿锥齿轮

零件材料：20CrMnTiH

失效背景：某型汽车后桥主动曲线齿锥齿轮所用的材料为20CrMnTiH，原材料的熔炼方式为电弧炉熔炼，原材料的供应状态为退火状态。汽车齿轮制造流程为：坯料→锻造→正火→粗加工→渗碳→精加工→淬火、低温回火→磨齿。对某批次该型汽车齿轮磨齿时，发现齿轮的齿部存在裂纹。

失效部位：齿轮的齿部。

失效特征：裂纹近似直线状裂口，如图5-10-1和图5-10-2所示。裂纹尾部尖锐而弯曲，为沿晶裂纹，裂纹内无氧化物，裂纹两侧基体组织为粗大的马氏体和约55%左右的残留奥氏体，按QC/T 262—1999《汽车渗碳齿轮金相检验》评定，马氏体和残留奥氏体级别为6级，

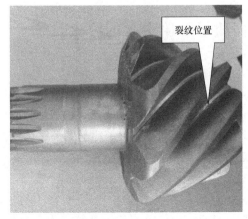

图 5-10-1　实物 1

图 5-10-2　实物 2

属不合格级别。裂纹尾端和起始部位的显微组织见图 5-10-3 和图 5-10-4。未见明显的非金属夹杂物，见图 5-10-5。

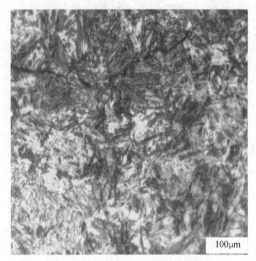

图 5-10-3 裂纹尾端的显微组织

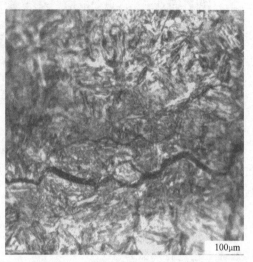

图 5-10-4 裂纹起始部位的显微组织

综合分析：淬火形成的马氏体组织粗大，残留奥氏体含量较多，属不合格级别。这说明齿轮淬火时的温度较高，过高的淬火温度会导致工件组织粗大，淬冷时易在尺寸突变的齿部产生较大的应力集中。当拉应力大于材料表面的抗拉强度时，产生了开裂。该裂纹属淬火裂纹，与材质无关。

失效原因：淬火温度过高导致 20CrMnTiH 后桥主动曲线齿锥齿轮产生淬火裂纹。

改进措施：降低淬火加热及保温的温度，回火要及时、充分。经改进后，该齿轮未再出现淬火裂纹。

图 5-10-5 非金属夹杂物形貌

例 5-11 内球笼毛坯热处理不当及表面质量缺陷引起的淬火裂纹

零件名称：内球笼

零件材料：20CrMnTiH

失效背景：某型内球笼所用的材料为 20CrMnTiH，原材料的熔炼方式为电弧炉熔炼，原材料的供应状态为退火状态。内球笼的制造工艺流程为：坯料→锻造→正火→粗加工→渗碳→淬火、低温回火→精加工。对某批次回火后的内球笼进行检测，发现多件内球笼存在裂纹。

失效部位：V 形缺口的边缘部位。

失效特征：裂纹产生于 V 形缺口部位，裂纹宏观形貌刚直、细小，见图 5-11-1。图 5-11-2 所示为裂纹周围的显微组织。裂纹尾部尖锐而弯曲，为沿晶裂纹，裂纹内无氧化物，沿裂纹两侧基体组织为粗大的马氏体和约60%的残留奥氏体。按 QC/T 262—1999《汽车渗碳齿轮金相检验》评定，马氏体和残留奥氏体级别均大于6级，属不合格级别。非金属夹杂物形貌见图5-11-3，未见明显的冶金缺陷。

综合分析：由于坯料表面存在 V 形缺口，这相当于存在一线性缺口，导致该部位产生了严重的应力集中；同时，由于淬火温度过高，使得马氏体组织粗大、残留奥氏体含量较多，导致了淬火应力进一步增强。当拉应力大于材料表面的抗拉强度时，诱发了淬火裂纹的萌生。该淬火裂纹与材质无关。

图 5-11-1　实物

图 5-11-2　裂纹周围的显微组织

图 5-11-3　非金属夹杂物形貌

失效原因：坯料存在表面质量缺陷及淬火温度过高导致内球笼淬火开裂。

改进措施：控制毛坯的外表面质量，防止出现线性缺口；降低淬火加热及保温的温度。控制毛坯的表面质量和改进淬火工艺后，内球笼未再出现淬火裂纹。

例 5-12　表面渗碳导致十字轴冲击过载断裂

零件名称：十字轴

零件材料：低碳合金钢

失效背景：某车辆行驶约 16000km 后，在上坡时发出异常响声，随即由于无法输出动力而停车。之后将轮间差速器总成拆卸分解，发现其中的十字轴和隔套断裂。十字轴的主要工艺流程为下料、热处理（渗碳、淬火、回火）、喷砂和组装。

失效部位：轴柄根部。

失效特征：拆卸前十字轴所处位置见图 5-12-1。十字轴断裂成四块，断裂位置均位于轴柄根部同一侧，如图 5-12-2 箭头所示。断口均为新鲜、脆性断口，无磨损痕迹，断裂均是由零件轴柄根部处起始向轴体内花键齿方向扩展，辐射状纹缕明显。其中，A 处断口的断面相对平整，拉边较小，见图 5-12-3；D 处断口的断面相对粗糙，拉边较大，见图 5-12-4；而 B、C 处断口介于两者之间。这说明 A 处受力最大，D 处相对要小一些，D 处轴柄对应的轴体内花键齿均已摩擦发亮。在轴柄和轴体 A 处分别取金相试样观察，表面渗碳层深度均为

1.20mm，渗碳层组织均为马氏体+少量残留奥氏体+少量颗粒状碳化物，心部组织均为低碳板条马氏体+铁素体+少量贝氏体，见图5-12-5和图5-12-6。断面沿晶扩展，未见氧化脱碳，轴体外表面有较均匀脱碳，脱碳层深度为0.06mm，断面附近有二次裂纹。轴柄和轴体心部硬度不均匀，在28.5~37.5HRC之间，低于相关技术要求。

图5-12-1　十字轴所处位置

图5-12-2　零件断裂位置

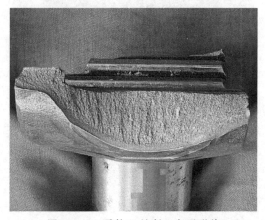
图5-12-3　零件A处断口宏观形貌

图5-12-4　零件D处断口宏观形貌

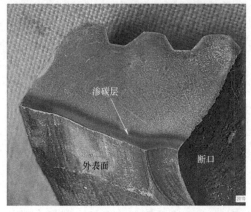
图5-12-5　轴体外表面渗碳层组织　300×

图5-12-6　心部组织　500×

综合分析：十字轴断裂主要是由于瞬间所受冲击力超过了材料自身所能承受的强度极限而导致的快速脆性过载断裂；其次，由于轴体外表面经过渗碳处理，使零件表面脆性增大，而心部组织中铁素体量较多，致使硬度不均匀，造成轴体基体硬度、强度降低，降低了零件的承载能力，加速了零件断裂进程。

失效原因：表面渗碳导致冲击过载断裂。

改进措施：改进工艺，渗碳时对轴体外表面进行防渗处理。

例5-13 表面氧化导致右外支座弯曲疲劳断裂

零件名称：右外支座

零件材料：低碳铬镍合金钢

失效背景：某重载车辆行驶3000多km后停车检查，发现右外支座在圆弧部位发生断裂。该零件起限位作用，工作时主要受剪切应力。右外支座主要制造工艺为锻造、机械加工、调质处理和机械加工。

失效部位：圆弧过渡部位。

失效特征：断裂右外支座宏观及断口形貌见图5-13-1~图5-13-4。断裂起始于零件$R10mm$圆弧过渡部位，该圆弧处存在较深的一条凹槽。支座与限位器接触点的表面漆皮已磨掉，有明显的碰撞接触痕迹。断面较平齐，断裂源为线源，有明显的疲劳棱线、扩展纹线和最终断裂区，具有典型的线疲劳断裂特征。经观察，$R10mm$圆弧处凹槽深度约为0.40mm，表面存在0.07mm的灰黑色氧化层，见图5-13-5。氧化层尖端处存在许多向基体延伸的微裂纹，裂纹两侧无氧化脱碳现象，见图5-13-6。支座表面脱碳层深为0.30mm，沿晶氧化严重，晶界粗化发黑，且多条微裂纹从氧化层尖端处沿晶界向基体内部扩展，见图5-13-7。支座其他部位的加工面与非加工面均有不均匀的氧化及沿晶氧化现象，基体组织为回火索氏体。

图5-13-1 断裂右外支座宏观形貌

图5-13-2 支座裂纹起始处凹槽

综合分析：车辆在凹凸路面行驶时，车轮上下波动幅度大，限位器与支座一端发生频繁碰撞接触，承受较大的变动冲击载荷，在支座受力点处留下碰撞痕迹。$R10mm$圆弧过渡处是力矩最大部位也是相对应力集中区域，$R10mm$处凹槽的存在增加了零件在该处的应力集中程度。零件表面有沿晶氧化现象，在氧化的末端形成尖端应力集中。因此，$R10mm$圆弧过渡处、凹槽、沿晶氧化均为应力集中的影响因素，零件在使用受力过程中，在这几个因素的共同作用下，形成裂纹源并在随后的受力状态下疲劳扩展断裂。

失效原因：表面氧化引起的弯曲疲劳断裂。

改进措施：改善加热炉密封，减少炉内 O_2、CO_2、H_2O 等氧化性气氛含量。提高铣床加工精度，使用自动化打磨设备取代人工打磨，减少造成应力集中的加工缺陷。

图 5-13-3　支座与限位器接触点漆皮已掉

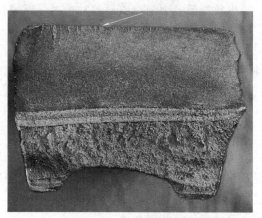

图 5-13-4　断口宏观形貌

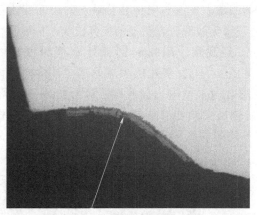

图 5-13-5　凹槽剖面形貌　50×

图 5-13-6　凹槽处疲劳微裂纹群　500×

图 5-13-7　零件表面沿晶裂纹　500×

例5-14 组织不合格导致主动锥齿轮弯曲疲劳断裂及齿面接触疲劳破坏

零件名称：主动锥齿轮

零件材料：低碳合金钢

失效背景：某轻型车辆行驶约200km时发现主动锥齿轮轮齿损坏断裂失效。主动锥齿轮主要制造工艺为锻造、渗碳、淬火和回火、机械加工和装配。

失效部位：齿部。

失效特征：失效主动锥齿轮的宏观形貌见图5-14-1和图5-14-2。轮齿有明显损伤和挤压磨损变形痕迹，齿顶挤压变形严重，轮齿两侧存在凹坑。经磁粉检测后发现，主动锥齿轮底部有多条裂纹，均从齿根处开裂，见图5-14-3。经观察，裂纹起始于齿根处，见图5-14-4。裂纹两侧无氧化脱碳现象，金相法测量渗碳层深度为0.80mm，对渗碳层使用硬度进行有效硬化层深度测量，渗层硬度均低于550HV，渗碳层未进行有效硬化。渗碳层表面组织为索氏体+断续网状碳化物，次表层组织为索氏体+贝氏体，心部组织为索氏体+贝氏体，见图5-14-5。轮齿心部硬度为26.0HRC，距表面0.05mm处硬度为355HV，距表面0.5mm处硬度为312HV，均低于相关技术要求。

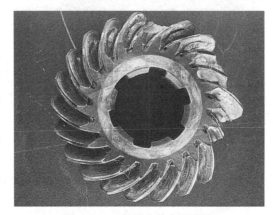

图5-14-1 断裂齿轮宏观形貌

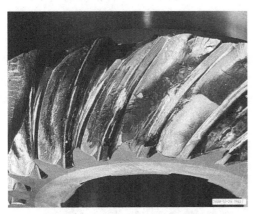

图5-14-2 断齿断口宏观形貌

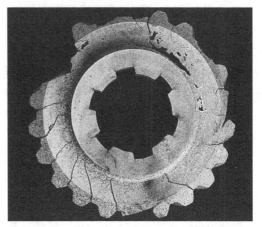

图5-14-3 源于齿根的裂纹宏观形貌

综合分析：主动锥齿轮经过渗碳后，通常应进行淬火与低温回火处理，表面得到回火马氏体+残留奥氏体组织，从而提高硬度、强度以及综合性能。失效件主动锥齿轮经过渗碳后，未进行淬火与低温回火处理，轮齿没有淬硬层，硬度和强度都很低，在受到外力作用时，易在应力集中的齿根部位产生裂纹源并发生断裂。

失效原因：组织不合格导致弯曲疲劳断裂及齿面接触疲劳破坏。

改进措施：齿轮渗碳后进行淬火与低温回火处理。

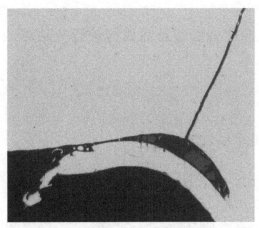

图 5-14-4　源于齿根的裂纹微观形貌　50×

图 5-14-5　渗碳层和心部组织　200×

例 5-15　渗碳表面内氧化缺陷导致球头销失效

零件名称：球头销

零件材料：低碳铬镍钨合金钢

失效背景：某重载车辆用零件球头销的相关制造工艺为锻造、机械加工、热处理（渗碳、盐浴淬火与回火）、抛光球面及锥面。渗碳处理的一炉球头销共 40 件，抛光后在零件的球面及锥面均发现有不同程度的表面凹坑现象，导致零件失效。

失效部位：零件表面。

失效特征：失效球头销抛光后表面凹坑见图 5-15-1。凹坑散布于零件的球面及锥面，最大面积为 5mm×10mm，未渗碳的螺纹外表面未见凹坑现象。经显微组织观察，凹坑处的渗层表面存在呈断续网状分布的氧化物，黑灰色，向零件心部沿晶扩展，最深处为 0.01mm，属内氧化缺陷，无凹坑的渗层表面，无黑灰色氧化物，见图 5-15-2 和图 5-15-3。对球头销球面凹坑表面、渗层横截面的氧化处及未氧化处的微区成分进行分析，渗层表面氧化处与其附近基体相比，微区存在较多 O 元素，球面凹坑处微区存在 O、K、Cl、Ca、Si 等元素，有钾、钠等的盐类成分沉积，见图 5-15-4。

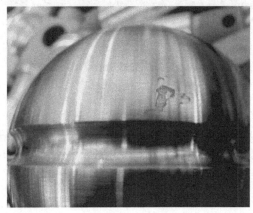

图 5-15-1　抛光后表面的凹坑

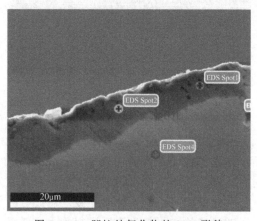

图 5-15-2　凹坑处氧化物的 SEM 形貌

图 5-15-3　凹坑处沿晶分布的黑灰色氧化物　1000×

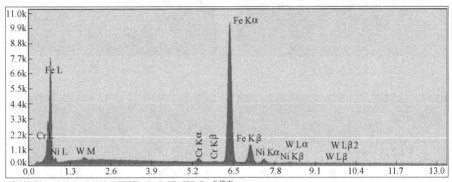

活时间(秒)：50.00 Cnts 0.000 keV 探测器：Apollo XP–SDD–Det 分辨率

图 5-15-4　渗层表面沿晶分布的内氧化缺陷能谱分析

综合分析：由于渗碳后形成的内氧化缺陷使零件表面凹凸不平，淬火盐浴加热时熔融盐易沉积。如果局部有硫酸盐、碘酸钾等，则会使渗层的内氧化加重、加深。当抛光深度达不到内氧化的深度时，渗层表面的内氧化就存留下来，形成表面不规则凹坑缺陷。

失效原因：渗碳表面内氧化缺陷导致失效。

改进措施：控制渗碳表面质量，减少炉内 O_2、CO_2、H_2O 等氧化性气氛含量，改善炉子密封，防止空气进入炉内；控制盐浴成分，减少可引起钢的氧化、脱碳、腐蚀和沾盐的成分，保证盐浴脱氧充分，防止零件表面氧化。

例 5-16　非调质组织及过热导致缸体脆性过载断裂

零件名称：缸体

零件材料：45 钢

失效背景：某车辆用缸体的相关工艺流程为下料、热处理、机械加工、装配。该批次缸体共生产 60 余件，在装配拧紧过程中有 2 件发生断裂。

失效部位：最大外圆表面。

失效特征：缸体断裂位置及断口宏观形貌见图 5-16-1 和图 5-16-2。断裂位置在螺纹根部，断口为灰黑色结晶状脆性断口，断裂是从螺纹根部一侧向对面一侧扩展的。经显微组织观察，断裂源区未见明显冶金缺陷，断裂源及断面无氧化脱碳现象，断口附近及基体组织为珠光体+大量网状铁素体和呈魏氏组织形态的针状铁素体，见图 5-16-3 和图 5-16-4。按照

GB/T 13299—1991 评级，魏氏组织评为 B 系列 4 级，为明显过热组织。检测基体和断口附近硬度，均低于相关技术要求。

图 5-16-1　缸体断裂位置

图 5-16-2　断口宏观形貌

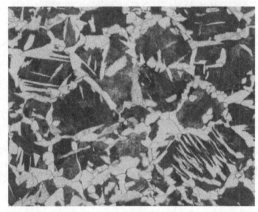

图 5-16-3　断口附近组织　100×

图 5-16-4　基体组织　100×

综合分析：零件断口形态为结晶状脆性断口。其组织为非调质状态组织，并有过热特征。这种组织严重降低零件的力学性能，同时导致脆性增大，加之零件螺纹根部为缺口敏感部位，致使其在装配受力过程中从应力集中的螺纹根部发生脆性断裂。

失效原因：非调质组织及过热导致的脆性过载断裂。

改进措施：严格控制淬火加热工艺。

例 5-17　热处理工艺不当导致钻杆接头纵裂

零件名称：钻杆接头

零件材料：4137H（美国牌号，相当于 37CrMnMo）

失效背景：钻杆接头经调质后，经磁粉检测发现有纵向裂纹存在。

失效部位：工件外表面。

失效特征：裂纹外观形貌刚直，尾部细尖，见图 5-17-1。内部有氧化现象，主裂纹边缘存在多处二次裂纹，两侧未见脱碳现象，见图 5-17-2。基体组织为回火索氏体，基体晶粒度为 9 级。

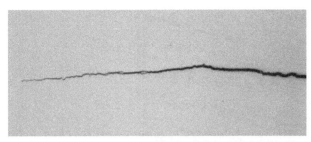

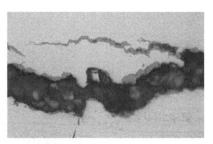

图 5-17-1　裂纹形貌　50×　　　　　　　图 5-17-2　裂纹处的氧化现象　500×

综合分析：根据裂纹特征判断，该裂纹是在淬火过程中产生的。

失效原因：热处理工艺不当引起工件淬火裂纹。

改进措施：改进热处理工艺。

例 5-18　表面粗晶导致制动缸旋压开裂

零件名称：制动缸

零件材料：10 钢

失效背景：制动缸工艺流程为下料→退火→冲压→旋前机械加工→旋压成形。旋压成形后发现口部有纵向开裂。

失效部位：口部。

失效特征：开裂始于口部外表面。工件近外表面深度约 1mm 的区域为解理断裂，内部其他区域为准解理断裂，见图 5-18-1。工件非金属夹杂物级别为 A0.5，D1.5，DS0.5。工件的外表面边缘为粗晶区，该区存在脱碳，脱碳层深度约为 1.05mm，见图 5-18-2。工件内部晶粒度为 7 级，基体组织存在严重的偏析区，呈带状组织形貌，见图 5-18-3。

综合分析：由于制动缸口部存在较严重组织和成分偏析，造成截面各部位抵抗外部形变的抗力均不相同，使得旋压过程中的金属形变速度不一致。外表面粗晶和脱碳显著降低了材料韧性和抗开裂能力，受旋压加工时的应力作用出现开裂。

失效原因：材料组织偏析及热处理形成的粗晶导致旋压开裂。

改进措施：加强原材料及热处理过程质量控制。

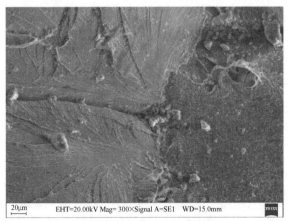

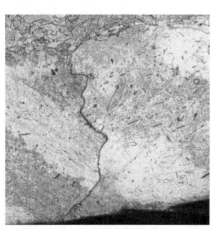

图 5-18-1　断口 SEM 形貌　　　　　　　图 5-18-2　工件表面的粗晶　100×

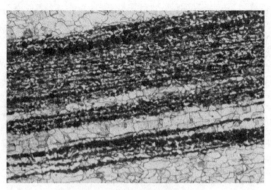

图 5-18-3　带状组织形貌　100×

例 5-19　粗晶导致缸体拉深开裂

零件名称：缸体

零件材料：10 钢

失效背景：缸体经拉深成形后，发现工件外表面出现多处开裂现象。开裂沿缸体环向，垂直于拉深受力方向，见图 5-19-1。

失效部位：缸体外壁。

失效特征：裂纹深 2.32mm。内外表面均存在脱碳现象，外表面脱碳层深度为 2.32mm，内表面脱碳层深度为 2.56mm，见图 5-19-2。工件非脱碳层晶粒度为 7 级，见图 5-19-3。

综合分析：工件在热处理过程中，产生较严重的脱碳层，并形成粗晶，使得表层金属韧性降低，在拉深时工件外表面受拉应力，从而从外表面垂直于拉深方向发生开裂。

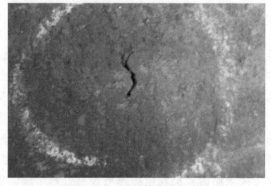

图 5-19-1　开裂部位宏观形貌

失效原因：粗晶导致拉深时开裂。

改进措施：加强热处理过程质量控制，避免出现粗晶。

图 5-19-2　表面粗晶区　50×

图 5-19-3　正常区域的组织　100×

例 5-20　表面脱碳缺陷导致扭杆弹簧扭转疲劳断裂

零件名称：扭杆弹簧

零件材料：中碳合金弹簧钢

失效背景：某重型车辆零件扭杆弹簧的主要制造工艺为锻造、热处理、机械加工和台架试验。台架试验扭转至约 9 万次时，扭杆弹簧在花键部位发生断裂。

失效部位：花键齿根部。

失效特征：断裂扭杆弹簧的断裂部位及断口宏观形貌见图 5-20-1 和图 5-20-2。断裂源位于距零件端面约 50mm 的花键齿根部，断面整体与轴向约成 45°，大部分为旋转放射状扩展，扩展纹路较粗，小部分为轴向树裂状断口。在断口其他部位有多个次生疲劳源及产生的纹路较粗的多个扩展区，具有脆性扭转疲劳断裂形貌特征。用机械分离法将图 5-20-1 箭头所指疲劳源处裂纹打开，断面宏观形貌见图 5-20-3。疲劳源区纹路较细腻，有疲劳小台阶，疲劳扩展弧线不明显。在疲劳源处取金相试样观察分析，未发现明显冶金缺陷，花键齿部有明显脱碳，脱碳层深为 0.15mm，见图 5-20-4。裂纹均起始于花键齿根部，见图 5-20-5。基体组织为回火屈氏体。

图 5-20-1　零件断裂部位

图 5-20-2　断口宏观形貌

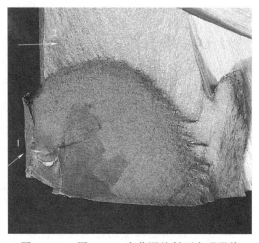

图 5-20-3　图 5-20-1 疲劳源处断面宏观形貌

综合分析：裂纹起始于扭杆弹簧的花键齿根部。该处零件表面脱碳，降低了零件的疲劳寿命，同时又是应力集中部位，导致台架试验受扭转力时，在脱碳部位形成裂纹源并发生早期扭转疲劳断裂。

失效原因：表面脱碳缺陷导致的扭转疲劳断裂。

改进措施：加强热处理过程质量控制，避免工件脱碳；或者控制热处理零件表面加工余量，保证热处理后预留的磨削量满足工艺要求。

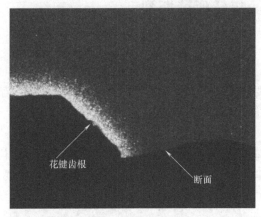

图 5-20-4　疲劳源及断面形貌　40×

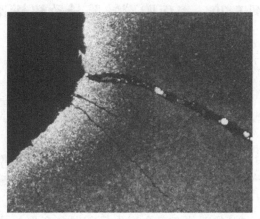

图 5-20-5　花键齿根裂纹　100×

例 5-21　弹簧吊具氢致脆性断裂

零件名称： 弹簧吊具

零件材料： 合金弹簧钢

失效背景： 弹簧吊具由吊具头部和 2 条弹簧吊臂组成，弹簧吊具的主要制造工艺为：合金弹簧钢圆钢经整体切削加工和热处理、镀覆、除氢等。1 件吊具在吊装工作时发生了断裂。

失效部位： 断裂部位位于在吊具头部与 1 条弹簧吊臂之间的截面尺寸突变处，见图 5-21-1。

失效特征： 断裂部位处于吊具的截面尺寸变化处，该处有圆弧过渡。复验吊具硬度及材料组织，均符合产品设计要求。从同一批吊具中另抽 1 件吊具进行模拟吊装工作的拉断试验，拉断后的状况与失效件断裂的状况基本一致，见图 5-21-2，其拉断力远低于设计要求，不到正常拉断力的 1/3。扫描电子显微镜检测失效件和拉断试验件的断口，均为混合型断口，其中靠近工件内外表面镀层部位的断口主要为沿晶断裂，韧窝数量少，断面上存在鸡爪痕棱线，见图 5-21-3，芯部断口上的韧窝较多，断口中未见异常夹杂物。

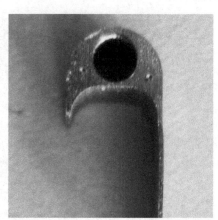

图 5-21-1　断臂失效的弹簧吊具

综合分析： 工件内外表面镀层部位的断口为沿晶断裂，韧窝数量少，断面晶粒表面存在鸡爪棱线，该部位断口的特征与氢脆断口特征相同，工件应是在表面处理时产生了氢脆。吊具镀后除氢不及时或除氢工艺不当，未能将吊具在表面处理工序渗入的氢及时有效地排出，这是导致吊具产生氢脆的原因。

失效原因： 吊具镀后除氢不及时导致工作时氢致断裂。

改进措施：加强生产管理，镀后严格按照弹簧吊具除氢工艺规程立即进行除氢处理。改进后，吊具拉断力符合产品设计要求，吊具工作正常。

图 5-21-2　模拟试验拉断的吊具

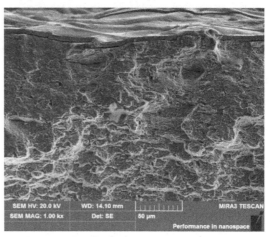

图 5-21-3　失效吊具断口（靠近电镀层的部位）

例 5-22　过烧导致凸轮轴推力轴承盖脆性开裂

零件名称：凸轮轴推力轴承盖

零件材料：2 系硬铝铝合金

失效背景：某车辆用的凸轮轴推力轴承盖主要制造工艺为下料、锻造、固溶强化和机械加工。在机械加工过程中发现多件裂纹。

失效部位：锻造分模面。

失效特征：开裂的凸轮轴推力轴承盖宏观形貌见图 5-22-1 和图 5-22-2。裂纹位于零件锻造分模面处，沿零件的长度及厚度方向已裂透，零件未加工表面打磨后裂纹清晰可见。在零件未加工表面的未打磨区域垂直于裂纹取样观察分析，裂纹起始处无明显冶金缺陷，经体积分数为 0.5% 的氢氟酸水溶液浸蚀后，基体组织为 α（Al）固溶体+共晶组织，共晶球较多，复熔明显，出现三角晶界，晶粒粗化，属于严重过烧组织，见图 5-22-3 和图 5-22-4。

图 5-22-1　开裂零件未加工表面

图 5-22-2　开裂零件加工表面

综合分析：零件基体金相组织属于严重过烧组织，不仅造成力学性能降低，同时对合金的耐蚀性也有严重影响，铝合金一旦发生过烧，将无法消除。零件锻造时，分模面位置应力最大，处于拉应力状态，在淬火时易产生淬火裂纹。

失效原因：过烧导致脆性开裂。

改进措施：控制热处理加热温度，保证热处理的加热温度符合工艺要求。

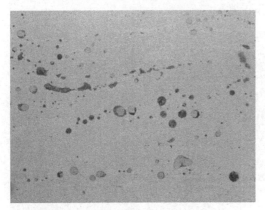

图 5-22-3　共晶复熔球较多　300×

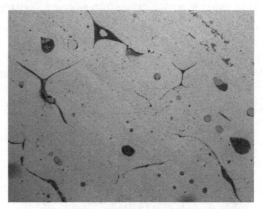

图 5-22-4　出现三角晶界　300×

例5-23　超硬铝合金尾杆热处理不当引起的淬火裂纹

零件名称：尾杆

零件材料：7系超硬铝合金

失效背景：某型弹药的尾杆所采用的原材料为某7系超硬铝合金棒材，该7系铝合金原材料棒材的供应状态为退火态，该7系铝合金原材料棒材的挤压方式为反向挤压。该型弹药的尾杆制造工艺流程为：铝棒→锯切下料→温挤成形→淬火→人工时效→精加工→阳极氧化。对经阳极氧化处理后的该型炮弹的尾杆进行检测，发现炮弹尾杆的头部均存在纵向裂纹。

失效部位：尾杆头部见图5-23-1。

失效特征：尾杆头部裂纹的外观形貌见图5-23-1，尾杆内表面和外表面均可见有裂纹，裂纹沿纵向开裂、形貌刚直。沿裂纹人为打开，断口宏观形貌见图5-23-2，断口表面呈灰黄色，表面污染，人为打断区可见反光刻面。将裂纹断口清洗后放入扫描电子显微镜下进行观察，原始裂纹区低、高倍形貌分别见图5-23-3和图5-23-4，呈沿晶断裂特征，晶粒略微球化。人为打断区呈沿晶+韧窝的混合断裂特征，见图5-23-5。高倍组织可见复熔球、晶界复熔、过烧三角区等过烧特征，裂纹沿晶扩展，见图5-23-6。

图 5-23-1　尾杆的裂纹形貌

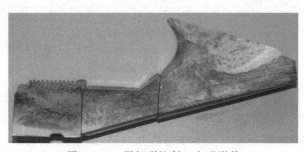

图 5-23-2　尾杆裂纹断口宏观形貌

图 5-23-3　尾杆原始裂纹区低倍形貌

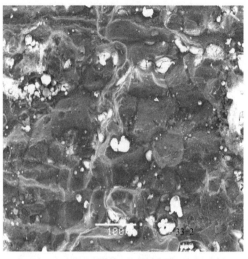

图 5-23-4　尾杆原始裂纹区的沿晶断裂特征

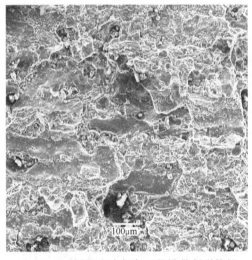

图 5-23-5　尾杆人为打断区的沿晶断裂特征

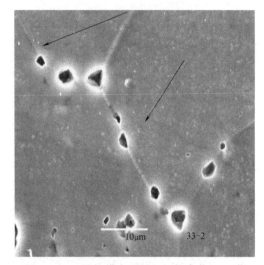

图 5-23-6　尾杆横向金相组织的高倍 SEM 像

综合分析：尾杆裂纹断口表面呈灰黄色、表面污染，这说明裂纹产生于阳极氧化处理前。裂纹呈沿晶开裂，晶粒略微球化，局部晶界复熔，出现复熔球、三角晶界、孔洞，表明尾杆产生了过烧。尾杆裂纹的萌生是由于在淬火过程中存在超温，使得尾杆产生了过烧，导致其晶粒晶界弱化、晶界结合功降低，在淬火应力的作用下产生开裂，之后，在人工时效和精加工过程中进一步扩展形成宏观裂纹。

失效原因：淬火温度过高导致尾杆产生淬火裂纹。

改进措施：降低淬火加热和保温温度，严格按热处理工艺操作；及时校检铝合金淬火炉。改进热处理工艺后，未再发现该型尾杆存在淬火裂纹。

例 5-24　渗氮工艺缺陷引起减速器输出轴断裂

零件名称：减速器输出轴

零件材料： 42CrMo

失效背景： 减速器输出轴经装配完成后，于井下工作工况运行短时发生断裂，见图5-24-1。

失效部位： 断裂位置位于与轴套过盈配合部位。

失效特征： 断口附近材料中存在较多A类非金属夹杂物，非金属夹杂物级别为A2、B0.5、C0.5、D1；靠近工件表面为含氮回火索氏体+含氮贝氏体+氮化物，表层存在白亮的氮化物层，厚度为12μm，其上面存在微裂纹和已经脱落掉块的形象，见图5-24-2；靠近白亮层存在网状及脉状氮化物。依标准GB/T 11354—2005评为4级，见图5-24-3；氮化层脆性为2级；裂源区为准解理断裂，扩展区为解理断裂，见图5-24-4。

图 5-24-1 输出轴断口宏观形貌

图 5-24-2 白亮层及其脱落形貌 500×

图 5-24-3 脉状氮化物（箭头所指） 500×

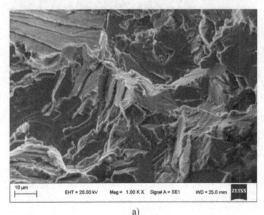

a)

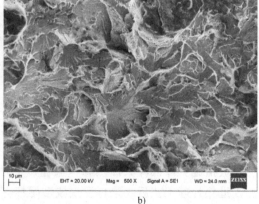

b)

图 5-24-4 断口微观形貌

a）裂源区形貌 b）扩展区形貌

综合分析： 渗氮层存在网状氮化物。网状氮化物会增加表层的脆性，致使工件提前失效。解理与准解理断裂对缺口、机械加工痕迹、表面微裂纹等都特别敏感，而渗氮层的微裂纹在冲击载荷作用下扩展特别迅速。由工件表面白亮层存在裂纹及掉块现象处，在外加扭转应力作用下（尤其在设备启停时的冲击作用下），裂纹快速扩展，导致开裂。

　　失效原因：白亮层微裂纹及渗层网状氮化物引起的断裂。

　　改进措施：控制渗氮工艺，过盈配合区域不要进行渗氮，将脉状氮化物控制在 2 级以内，避免出现网状氮化物及白亮层微裂纹。

例 5-25　未严格执行热处理工艺导致四五档同步器体弯曲疲劳断裂

　　零件名称：四五档同步器体

　　零件材料：中碳合金钢

　　失效背景：某车辆用零件四五档同步器体的相关制造工艺为机械加工、热处理、高频感应淬火和回火。在服役过程中断裂。

　　失效部位：表面。

　　失效特征：断裂零件宏观形貌及断裂位置见图 5-25-1 和图 5-25-2，零件外表面有较严重的磨损痕迹，内表面有大量不规则凹坑和周向摩擦痕迹。断口形貌见图 5-25-3，部分断面已被磨损，断裂起源于零件表面，向基体扩展，有较清晰的疲劳扩展贝纹线，属弯曲疲劳断裂。金相检查，整个零件宽度的纵向剖面上无高频淬火痕迹，图 5-25-2 内表面凹坑处存在明显的塑性变形，变形流线清晰可见，见图 5-25-4，断面无氧化脱碳现象，裂纹源处可见由于挤压变形的二次淬火白色

图 5-25-1　断裂零件宏观形貌

组织，见图 5-25-5，基体组织为回火索氏体。硬度检测，基体硬度正常，外表面硬度为 26.0HRC，内表面硬度为 24.5～27.0HRC，内外表面硬度与基体硬度基本一致，内表面硬度均远低于相关技术要求。

图 5-25-2　内表面不规则凹坑及周向摩擦痕迹

图 5-25-3　断口宏观形貌

综合分析：零件内表面未进行高频感应淬火，表面硬度远低于技术要求，导致零件表面在与其他较硬零件表面配合工作时容易磨损黏接，在随后的工作过程中黏接部分被生硬地滑移变形，即形成凹坑，部分黏接物在滑移过程中脱落，挤在两零件配合面中间移动，形成摩擦磨损，在这个过程中由于两配合面中挤入异物，导致装配在外面的同步器体受到较大的径向张力，当张力超过零件的破断抗力时即发生断裂。

失效原因：未严格执行热处理工艺使表面硬度低导致弯曲疲劳断裂。

改进措施：严格执行热处理工艺。

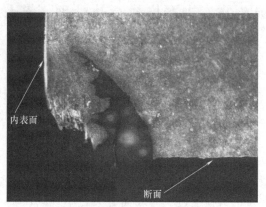

图 5-25-4　内表面凹坑处组织变形　35×　　　　　图 5-25-5　裂纹源处组织形貌　120×

例 5-26　汽车齿轮轮齿组织缺陷导致接触疲劳断裂

零件名称：汽车齿轮

零件材料：20CrMnTi

失效背景：某型汽车齿轮所用的材料为 20CrMnTi，原材料的熔炼方式为电弧炉熔炼，原材料的供应状态为退火状态。汽车轴齿齿轮加工工序为：坯料→锻造→正火→粗加工→渗碳→淬火、低温回火。该型汽车轴齿齿轮在运行过程中，轮齿发生了塑性变形、剥落现象。

失效部位：承力齿面。

失效特征：轮齿向动力传递方向扭折，承力齿面已断裂，轮齿承力齿断口表面有明显拉毛现象，并且呈现无光泽的纤维状和丝状断口特征；断口上有疲劳断裂的特征，见图 5-26-1 和图 5-26-2。图 5-26-2 的取样位置见图 5-26-1 中箭头所指。齿断口处的渗层组织为：粗针状马氏体、多量残留奥氏体、少量的碳化物及少量的铁素体，按 QC/T 262—1999《汽车渗碳齿轮金相检验》评定，马氏体和残留奥氏体为 6 级，齿表层组织为不合格组织，见图 5-26-3。心部组织为低碳马氏体+贝氏体组织+多量的块状、条状铁素体，见图 5-26-4。心部硬度为 30.0HRC。

综合分析：该齿轮齿表的渗层除了粗大马氏体，还存在过多的残留奥氏体、少量的铁素体，这些组织的强度较低，降低了材料塑性变形启动的门槛值，使用过程中，在切应力作用下，齿轮很容易产生自剪切的剪切唇断口。心部存在较多的块状、条状铁素体，会导致齿轮心部强度不足，在外载作用下，易使轮齿产生塑性变形，当加载较大时，在切应力作用下，会促进齿轮产生自剪切的剪切唇断口。这种断口是接触疲劳断裂的典型特征。

失效原因：表面热处理不当是齿轮产生接触疲劳断裂的主要原因。

　　改进措施：改进渗碳工艺，确保渗碳过程中不出现漏气；改善原材料组织。改进渗碳工艺和原材料组织后，齿轮未再出现疲劳断裂现象。

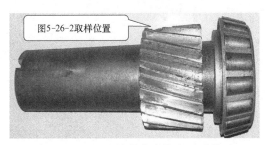

图 5-26-1　失效轴齿实物宏观形貌

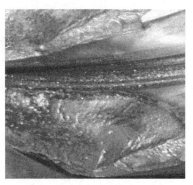

图 5-26-2　失效轴齿断面宏观形貌
（图 5-26-1 箭头所指）5×

图 5-26-3　渗层表层的组织形貌

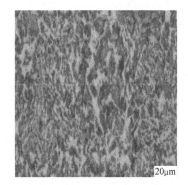

图 5-26-4　心部的组织形貌

第6章 焊接缺陷因素引起的失效11例

例6-1 壳体的铁中"泛铜"

零件名称： 壳体

零件材料： 壳体 50SiMnVB；焊丝 Hs201

失效背景： 某型超远程多用途弹药的壳体所用原材料为 50SiMnVB 合金结构钢方钢棒材，壳体原材料熔炼方式为电弧炉+炉外精炼，壳体原材料的供应状态为热轧状态。该型弹药的弹带采用等离子熔敷焊接，焊丝材料为 Hs201。某批次壳体经精加工后进行磁粉检测，发现壳体的焊接界面附近存在磁粉堆积。该超远程多用途弹壳体的生产工艺流程：棒材→锯切下料→感应加热→压型、冲孔→拉伸、辊挤→完全退火→热处理→弹带等离子熔敷焊接→精加工。

无损检测时存在磁粉堆积的位置

图 6-1-1 双壳体焊接后的形貌

失效部位： 焊接界面附近的壳体母材。

失效特征： 壳体裂纹起始于弹带与壳体母材连接部位，见图 6-1-1 所示。裂纹沿轴向扩展，纹路弯曲，局部出现分叉，尾部较尖细，为沿晶开裂，裂纹内部填充有熔融冷却后的铜焊料，见图 6-1-2 和图 6-1-3。

综合分析： 弹带焊接时，所选焊接电流过大，壳体与弹带焊接界面的温度过高，导致壳体局部熔融，由于在液态条件下 Fe-Cu 为无限固溶，而固态下 Cu 在 Fe 中为有限固溶，焊接

图 6-1-2 母材"泛铜"形貌
和焊接裂纹（一）

图 6-1-3 母材"泛铜"形貌
和焊接裂纹（二）

冷却的过程中铜会从铁中析出，产生所谓的铁中"泛铜"；同时，溶化的铜焊料与焊接热应力、组织应力等也提供了液态金属致脆条件，导致焊接界面的壳体出现了裂纹。

失效原因：焊接电流过大引起壳体的铁中"泛铜"缺陷。

改进措施：改进焊接工艺，降低焊接电流。改进焊接工艺后，未再检测到壳体的铁中存在"泛铜"现象。

例6-2　焊接及热处理裂纹导致筒形件壳体水压试验异常破裂

零件名称：壳体

零件材料：45CrNiMo1VA

失效背景：连续2批筒形件壳体经焊接、退火、切削加工、淬火、回火等工序制成后，抽样作水压爆破试验时，样件壳体均尚未达到规定的水压爆破强度值就发生破裂。其壳体焊接时，遇上了罕见的冰灾天气。

失效部位：壳体中部薄壁处纵向破裂，破口扩展到壳体的封头部位和尾部螺纹附近。

失效特征：宏观检查水压爆破试验样件破口都以纵向破口为主，破口较大处位于壳体焊接外部零件的焊缝附近，部分失效壳体断口上可以看到焊接产生的原始裂纹，见图6-2-1，其焊接原始裂纹位于靠近焊缝的热影响区内。复验失效样件的壁厚尺寸和材料成分及力学性能，全都符合产品质量要求。对这2批壳体全部进行无损检测复验，发现有部分壳体在其焊接外部零件的热影响区都存在裂纹。对裂纹部位取样作金相检查，裂纹附近材料组织正常，无氧化脱碳，无夹杂物，裂纹中既有焊接冷裂纹，又有在淬火或水压试验时扩展的裂纹，见图6-2-2。

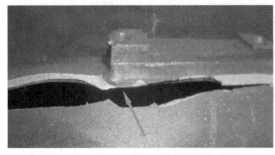

图6-2-1　破裂起始处的焊接原始裂纹

图6-2-2　焊接热影响区的焊接裂纹（1）和扩展裂纹（2）

综合分析：45CrNiMo1VA超高强度钢的碳当量很高，焊接时很容易产生焊接冷裂纹，需要进行预热和后热，焊后还应及时进行退火。焊接时冷却不当，焊后退火不够及时，以及阴冷潮湿的冰灾天气，导致焊接产生了冷裂纹。壳体在后续淬火时，焊接裂纹又得到扩展，焊接瑕疵也可能导致出现淬火裂纹。检验的灵敏度不够，导致微小的裂纹缺陷尚未检测出来。由于这些裂纹缺陷，导致了壳体水压爆破试验异常破裂。

失效原因：焊接裂纹及热处理裂纹导致壳体异常破裂。

改进措施：严格控制生产及质量管理，改进焊接及热处理工艺，改善焊接工作条件，防止壳体出现焊接及热处理裂纹；改进检验方法，防止检测灵敏度不够而漏检。改进后，壳体无裂纹，水压爆破试验结果完全满足产品质量要求。

例6-3 未焊透焊接缺陷引起的扭杆下支架焊缝裂纹

零件名称: 扭杆下支架

零件材料: 中碳合金钢

失效背景: 某车辆行驶过程中发现扭杆下支架断裂。扭杆下支架主要制造工艺为锻造、热处理、机械加工、焊接和表面涂装。

失效部位: 焊缝。

失效特征: 开裂扭杆下支架及断口宏观形貌见图6-3-1和图6-3-2。断口基本平行于焊缝纵向,沿母材的焊缝附近断裂,未见明显塑性变形,有焊接咬边缺陷,呈蜂窝状,亮灰色,结晶颗粒明显,裂纹源为多源,沿焊道结合处的二次裂纹较多,撕裂后呈现出清晰的柱状晶,有的小断面上有明显的疲劳扩展条纹,其扩展方向由上至下。SEM分析,断口裂纹源为多源,位于焊缝与母材交界线附近,可见焊缝金属与母材基体已明显裂开,见图6-3-3,整个断口随处可见高温沿晶热裂纹及光滑自由表面,呈现出空位聚合、微孔串接形态,且距离裂纹源越远,微孔串接之间的距离越大,见图6-3-4,具有在高温脆性温度区中形成的热裂缝的典型形态,断面上的韧窝为同方向抛物线韧窝,见图6-3-5,具有受应力作用产生的韧窝形的断裂形态。各个焊道之间均呈龟裂形态,见图6-3-6,为典型的高温起源、低塑性断裂形貌特征,在图6-3-6部位进行能谱分析,其微区成分与A147不锈钢焊条吻合。金相分析,焊缝断口裂纹源附近未见明显冶金缺陷,裂纹位于焊缝金属熔合区内,扩展方向基本与熔合线走向一致,距焊缝金属与母材的熔合线约5~6mm,在其他焊道也有类似裂纹,裂纹两侧未见氧化脱碳现象,见图6-3-7,母材热影响区的马氏体组织沿熔合线分布不均匀,部分区域较多,为粗大淬火马氏体+大量残留奥氏体,熔合线部分区域单相奥氏体区较宽,由呈方向性排列的柱状晶组成,见图6-3-8。扭杆下支架表面有氧化脱碳现象,脱碳层最深0.30mm,基体组织为回火索氏体+位向明显的上贝氏体回火组织。

图6-3-1 宏观形貌及断裂位置

图6-3-2 断口宏观形貌

综合分析: 通常异种钢焊接接头熔合区由于存在马氏体硬脆区及较宽的单相奥氏体区,易形成热裂纹。该焊接接头既存在马氏体硬脆区,又存在呈方向性柱状晶排列的单相奥氏体区,焊接时微观热裂纹在高温脆性温度区中已形成,当零件使用受力时,在较大扭转力及向外拉伸力作用下，这些微观热裂纹即成为裂纹源。淬火冷却不足导致组织中出现位向明显的上贝氏体，使基体脆性增大、综合力学性能下降、焊接性下降，焊缝与母材焊接咬边缺陷处，是应力集中部位，也是零件断裂的起始部位，并由两侧向中心堆焊部位扩展，导致熔合区剥离，其实质为热裂起源、冷裂扩展。

失效原因：未焊透焊接缺陷引起焊接裂纹。

改进措施：控制焊接工艺，消除未焊透缺陷。

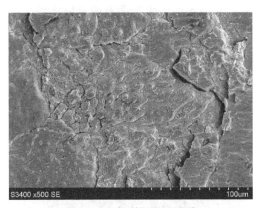

图 6-3-3　断裂源微观形貌

图 6-3-4　微孔串接形貌

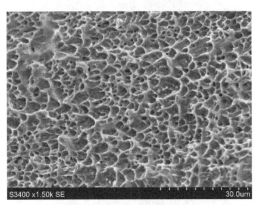

图 6-3-5　抛物线韧窝形貌

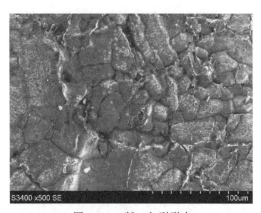

图 6-3-6　断口龟裂形态

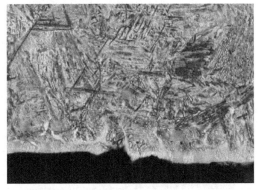

图 6-3-7　断面无脱碳现象　500×

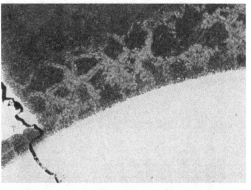

图 6-3-8　方向性排列的柱状晶　100×

例6-4　焊接缺陷导致筒形高压容器水爆试验横向破裂

零件名称： 壳体

零件材料： 超高强度钢

失效背景： 一种高压容器的壳体由圆筒和封头组焊而成。一批高压容器壳体在焊后检验时，发现部分壳体存在径向错边情况，经修复合格。又经水压试验等项检验合格之后，从中抽取样件进行了水压爆破试验。其样件水爆试验的爆破压力达到了验收要求，但破口的方向为横向破裂，不符合筒形高压容器破口方向应为纵向的要求。

失效部位： 壳体破断的部位为圆筒与封头的焊接部位。

失效特征： 破口位于焊接部位，部分断口位于焊缝，见图6-4-1。大部分断口为45°剪切断口，有3处断口上存在月牙形的平面，见图6-4-2。用放大镜检查和电子显微镜检测，月牙形平面上均存在弧形平行条纹，见图6-4-3和图6-4-4，后经对比查对确认为切削加工的刀痕。这3处断口位于焊缝部位，但不在焊缝的中心，而偏向圆筒一侧。取焊缝横截面试样检查金相组织，母材组织正常，断口的平台不在焊缝组织区域内，见图6-4-5。

图6-4-1　壳体横向破断

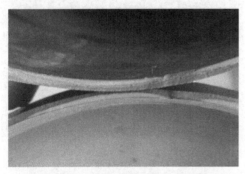

图6-4-2　封头与圆筒断口上的平台

图6-4-3　断口平台上的弧形平行条纹

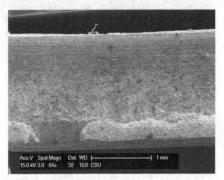

图6-4-4　圆筒断口的1号平台处的电子显微镜照片

图6-4-5　圆筒断口平台部位的横截面组织　40×

综合分析：断口上的月牙形平面上有切削加工刀痕，说明其为没有熔合的Ⅰ型对接焊缝的焊件端面，属于未焊透缺陷。检测焊缝宽度尺寸正常，未焊透缺陷不在焊缝的中心，说明焊接电流正常，未焊透是焊接时电极偏离对接位置所致。因焊件存在径向错边，导致无损检测尚未检测出未焊透缺陷。因此，焊接时电极偏离焊件的对接缝隙而产生未焊透缺陷，无损检测又尚未检测出未焊透缺陷，是壳体发生横向破断的原因。

失效原因：焊接时电极偏离对接位置，产生局部未焊接缺陷导致壳体横向破裂失效。

改进措施：改进焊接工艺装备及操作方法，消除径向错边和焊接电极偏离对接缝隙的问题；改进无损检测方法，提高对焊接缺陷的分辨能力。改进后，壳体水压爆破横向破断的问题得到解决。

例6-5　弹簧销焊接疲劳断裂

零件名称：弹簧销

零件材料：合金结构钢

失效背景：某一车辆综合装置中的三轴档上的弹簧座连接离合器，装车后经约40h的工作，弹簧座上的弹簧销断裂了10根。

失效部位：断裂部位均位于弹簧销与弹簧座的焊接部位，见图6-5-1。

失效特征：弹簧座上未断的8根弹簧销中连续3根呈径向对称分布，共6根保持完好，左侧的2根已松动但未断脱。断裂后的弹簧销外圆表面存在两种不同的表面损伤：一种是靠上端部有明显较深的弹簧形态压痕；另一种是在靠上端部弹簧与销的摩擦痕，见图6-5-2。断裂弹簧销断面均呈凸起状，有6根顶部存在弹簧座底面经磨削加工后的小块焊缝金属，断裂撕裂棱由该残留的小块焊缝金属向四周扩展，具有瞬时断裂的特征。残留焊缝金属面积大小不一，其中最大的为2.5mm×1.5mm。另有4根断面可见边缘有一小面积细平坦区，然后是向心部扩展的断裂撕裂棱，宏观断口形貌具有疲劳破断的特征，见图6-5-3；选取其中一根进行断口观察，其断裂起源为多源放射状，并伴有多源的疲劳条带，见图6-5-4。

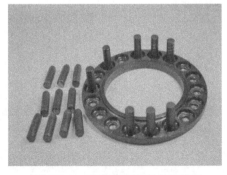

图6-5-1　弹簧座连接离合器外观

图6-5-2　断裂的弹簧销外观

综合分析：弹簧销化学成分符合38CrSi，弹簧座化学成分符合45钢技术条件要求。从图6-5-2可知由于弹簧销仅是固定弹簧使之不发生位移并不参与弹簧座的受力，两种不同形态的表面损伤，表明从离合器传输过来的力致弹簧发生异常的位移，使弹簧销受到了额外的径向摩擦力和横向的压应力。

断裂的弹簧销断面上存在两种不同的断裂形态特征，表明弹簧销的断裂分属两种不同的断裂类型；断面上未见焊缝金属应先发生疲劳引发断裂，然后致使相邻的销承受应力加大而产生瞬时断裂。

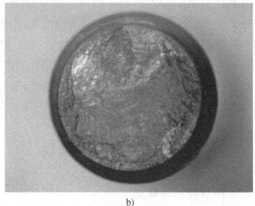

a)   b)

图 6-5-3　断口形貌

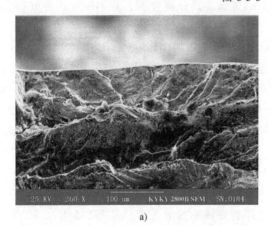

a)   b)

图 6-5-4　呈多源的断裂起始区及疲劳条带

弹簧和弹簧座采用不锈钢焊材焊接，38CrSi钢和45钢两者焊接性均不好，与不锈钢焊缝的组织熔合比不高；焊接后相互熔合区域很窄基本呈一明显的分界线。此两种钢相比低碳钢而言均具有可淬性，而38CrSi钢可淬性则较好，焊后冷却后热影响区会有马氏体组织。在弹簧销焊后的冷却过程中母材热影响区奥氏体向马氏体转变，必然伴随着体积的膨胀使热影响区和焊缝均存在较大的组织应力，特别是过热区的晶粒粗大马氏体针在没有回火的状态下产生裂纹断敏感性就更大，见图6-5-5。在外在应力的作用下造成裂纹的起源和疲劳扩展，进而发生整个弹簧座的失效。

图 6-5-5　熔合线及粗大马氏体区

失效原因：焊接过热产生的组织缺陷，在外在应力的作用下造成裂纹的起源和疲劳扩展，进而发生整个弹簧座的疲劳断裂失效。

改进措施：加强焊接工艺控制，避免过热产生粗大马氏体并对焊接后的产品进行去应力回火。

例6-6 负重轮轮毂焊接开裂

零件名称：负重轮

零件材料：合金结构钢

失效背景：某一车辆在试验跑车时经约1200km后发现负重轮渗水。

失效部位：沿轮毂与轮盘焊缝开裂，开裂的轮毂弧长约为400mm，见图6-6-1。

失效特征：一段弧长约280mm的焊缝在切割取样时完全自由脱开。另一段未完全断开的弧长约150mm的焊缝其中有70mm开口约宽1mm。在焊缝裂开口的延伸尾部，另有一细小裂纹与裂开的焊缝呈垂直的⊥形状并向焊缝中部扩展，见图6-6-2。焊缝裂纹均沿负重轮轮毂一侧部位开裂，而负重轮轮盘的另一侧焊缝金属未见开裂现象。

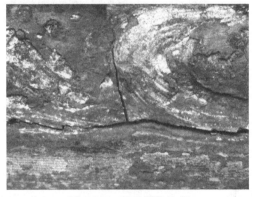

图6-6-1 开裂负重轮外观   图6-6-2 开裂焊缝外观

综合分析：负重轮轮毂符合38CrSi成分规范，负重轮轮盘符合30CrMnSi成分规范。但38CrSi碳含量处于成分规范的上限。38CrSi钢具有较好的淬透性和回火稳定性，强度及耐磨性也较高，但焊接性不好，再加之裂开件含碳量在标准含量的上限，这就更增大了轮毂焊缝开裂的敏感性。

对表面未见明显宏观焊缝裂纹的部位切割取样，在横剖面上的⊥形焊缝中有一条沿负重轮轮盘间隙处向焊缝金属扩展的裂纹。此裂纹开口较宽，在间隙处生成并沿熔合区横向扩展，然后拐弯约90°再向焊缝心部延伸。其直线部分长约1.2mm，见图6-6-3。裂纹直线部分形态为断续的小段连线状，断续的小段裂纹头尾稍错开，此裂纹形态具有焊缝金属高温裂纹的特征。此裂纹是在焊缝冷却过程中焊缝金属不足以补充收缩，在冷却拉应力作用下开裂并向心部扩展。在该裂纹附近的焊缝熔合区域内有一条约200μm长的孤立状显微裂纹，见图6-6-4。该显微裂纹呈纵向沿焊接熔合区域分布，与图6-6-3中的向焊缝心部扩展的高温裂纹是显然不同的，其产生的原因应与此区域的显微组织有关。与此同时可见焊缝金属与母材金属能够相互熔合。焊缝熔合区域内在焊接熔池的影响下母材显微组织发生了变化，熔入了部分焊缝金属，但完全相互熔合区不宽且界线明显。通过质量溯源，该产品焊接时间为冬季，查询不到相关的产品预热记录。因此在组织应力及结构拘束应力的作用下形成内裂纹。焊缝断面由于锈蚀已经失去断面细节，对断面延伸的母材进行断口观察，断面为沿晶+穿晶+二次裂纹断面，见图 6-6-5。证明产品在使用过程中承受较大的工作应力。

失效原因：焊接工艺控制不当致使在焊接过程中产生微裂纹，在工作应力的作用下扩展为宏观裂纹，造成负重轮开裂失效。

改进措施：对负重轮焊接工艺再进行细化，严格执行工艺纪律，特别是在冬季的焊接过程中必须对轮毂和轮盘进行预热以减少焊接裂纹产生的可能性；对负重轮所用 38CrSi 钢的含碳量进行控制。

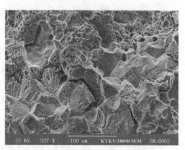

图 6-6-3　T 形焊缝中的裂纹　　　　图 6-6-4　焊缝内裂纹　　　　图 6-6-5　沿晶+穿晶+二次裂纹断面

例 6-7　主动轮焊接疲劳断裂

零件名称：主动轮

零件材料：合金钢

失效背景：某型号车辆的主动轮长时间的跑车发生断裂脱落。

失效部位：断裂部位位于外轮盘与轮毂焊接处，见图 6-7-1。

失效特征：轮毂断裂脱落基本沿焊缝边缘扩展，三条加强筋宏观断面基本相似，在⊥形焊的焊缝两侧均可见明显的咬边形态，咬边所形成的沟槽和凹坑深约 1mm，具有宽型咬边的特征，在左侧的焊缝咬边沟底下有一条贯穿钢板的小裂纹，右侧的焊缝下有一小区域由咬边向左侧扩展的疲劳弧带，见图 6-7-2。在外轮盘靠近加强筋板的位置可见横向的由焊缝下扩展的裂纹台阶，见图 6-7-3，加强筋板处应是断裂起始点。在焊缝表面上有多道焊的形态，并有小圆球状的焊瘤，见图 6-7-4。

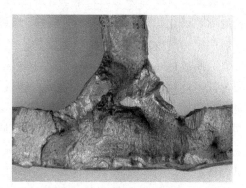

图 6-7-1　断裂的从动带轮轴外观　　　　图 6-7-2　T 形焊缝的咬边缺陷

图 6-7-3　沿焊缝扩展的裂纹台阶　　　　　　图 6-7-4　多道焊接和焊瘤

　　综合分析：对断口进行显微组织分析，焊缝中的柱状晶被分割成片块状，靠近熔合线的焊缝显微组织异常，见图 6-7-5，具有多道焊的组织形态，与宏观焊缝成对应关系。在焊缝金属中间部位存在小区域集中分布呈连线的孔穴，这种孔穴应属于高温结晶缺陷类。焊缝金属中除孔穴缺陷处还存在沿孔穴扩展的裂纹和未扩展的内裂纹。在焊缝咬边沟槽处裂纹由熔合线附近形成并向焊缝和母材相向扩展，见图 6-7-6。焊缝熔合区母材显微组织的马氏体针粗大，具有过热组织形态，见图 6-7-7，产生此粗大组织应与输入热过高有关。主动轮的断裂是由于大电流密度施焊中产生了内裂纹、孔穴和组织粗大等焊接缺陷。

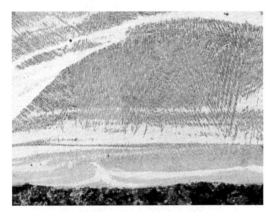

图 6-7-5　被分割的焊缝金属区　　　　　　　图 6-7-6　起源于熔合线的裂纹

图 6-7-7　粗大的马氏体组织

失效原因：焊接电流过大造成组织缺陷，降低抗冲击韧性和增大生成裂纹的敏感性，在应力的作用下形成裂纹失效。

失效验证：为作对比，按正常的工艺焊接一试样，焊接熔合区的马氏体针较断裂件组织明显的细小，见图 6-7-8，表明断裂件在施焊时电流过高。

改进措施：对焊接过程的工艺参数进行严格的控制和验证，保证焊接质量。

图 6-7-8 正常焊接件的显微组织

例 6-8 某型多用途炮弹铜弹带中"泛铁"

零件名称：炮弹弹带

零件材料：壳体 30CrMnSiA；焊丝 Hs201

失效背景：某型多用途弹药的壳体所用原材料为 30CrMnSiA 合金结构钢棒材，壳体原材料熔炼方式为电弧炉+炉外精炼，壳体原材料的供应状态为热轧状态。该型弹药的弹带采用等离子熔敷焊接，焊丝材料为 Hs201。某型多用途炮弹弹带等离子熔敷焊接后，进行了焊接质量检测，发现位于焊接界面附近的弹带表面粗糙。生产工艺流程：棒材→锯切下料→感应淬火→压型、冲孔→拉伸、辊挤→完全退火→热处理→弹带等离子熔敷焊接→精加工。

失效部位：焊接界面附近的弹带。

失效特征：焊接界面附近的弹带色泽灰暗、粗糙，见图 6-8-1。在位于焊接界面附近的焊带基体内出现了色泽较深的粒状物，附近的壳体也出现了纹路弯曲、尾部较尖细的沿晶裂纹，见图 6-8-2 和图 6-8-3，图 6-8-2 和图 6-8-3 的取样位置位于图 6-8-1 起弧处。

综合分析：弹带等离子熔敷焊接时，由于所选电流过大，壳体与弹带焊接界面的温度过高，导致壳体局部熔融，由于在液态条件下 Fe-Cu 为无限固溶，固态下 Cu 与 Fe 为有限固溶，焊接冷却的过程中，铁会在铜弹带中析出，产生所谓的

弹带焊接起弧处

图 6-8-1 壳体焊接的宏观形貌

铜中"泛铁"；同时，溶化的铜焊料与焊接热应力、组织应力也提供了液态金属致脆条件，也会导致焊接界面的壳体出现了裂纹。

失效原因：焊接电流过大引起弹带的铜中"泛铁"缺陷。

改进措施：改进焊接参数，降低焊接电流。改进焊接工艺后，未再检测到铜弹带中存在"泛铁"现象。

图 6-8-2 弹带焊接起弧处 "泛铁" 的
形貌特征 (一)

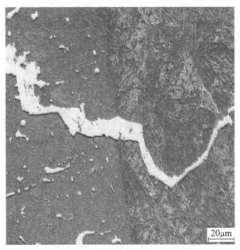

图 6-8-3 弹带焊接起弧处的
"泛铁" 形貌特征 (二)

例 6-9 焊接裂纹引起液压缸炸裂

零件名称: 液压缸

零件材料: 27SiMn

失效背景: 液压支架液压缸在安装后开始使用
过程中发生炸裂现象, 炸裂残片见图 6-9-1。

失效部位: 液压缸壁。

失效特征: 断裂源位于靠近螺纹口的台阶上,
由液压缸内表面向外表面扩展, 见图 6-9-2。裂源处
有约 3mm 的平面, 平面内侧放射状扩展区域, 断面
锈蚀严重。裂源所处的台阶接近全长的区域存在补
焊层, 见图 6-9-3。补焊层及其附近的金相组织形貌

图 6-9-1 残片宏观形貌

见图 6-9-4。白亮区域为补焊层, 组织为铁素体+回火索氏体; 黑色区域为热影响区的回火马
氏体+贝氏体以及一些过渡层组织; 正常基体区域为珠光体+铁素体, 存在一定的魏氏组织。
垂直裂源取样观察发现内表面的补焊区域存在焊接裂纹。

图 6-9-2 裂源处宏观形貌

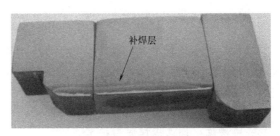

补焊层

图 6-9-3 白亮层为补焊层

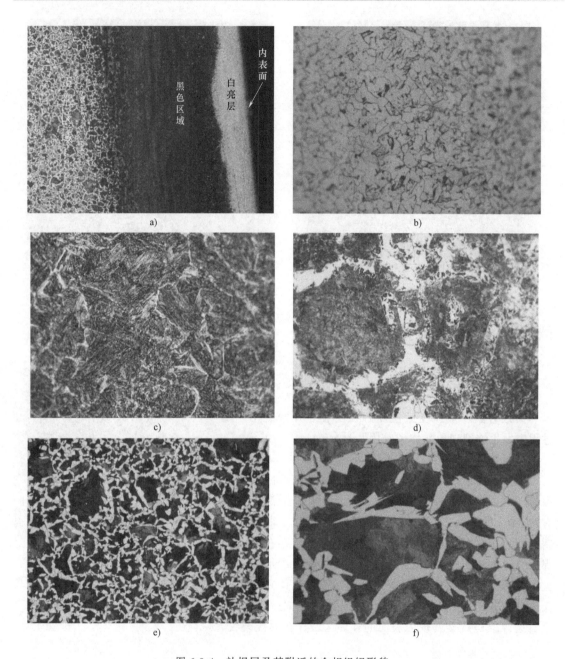

图 6-9-4　补焊层及其附近的金相组织形貌

a）补焊层的组织形态　25×　b）白亮的补焊层组织　500×　c）回火马氏体+贝氏体　500×

d）过渡区域组织　500×　e）正常区域组织　100×　f）正常区域组织　500×

综合分析：开裂始于内表面一个较为平坦的区域，结合后续发现的补焊层及裂纹，可以认定断面上较为平坦的区域实际是原始的焊接旧裂纹。由于补焊工艺不当，形成焊接裂纹，在工件工作承压时，裂纹快速扩展导致炸裂。

失效原因：焊接旧裂纹导致过载开裂。

改进措施：加强焊接质量检验。

例 6-10 未焊透焊接缺陷引起的胶管总成焊缝裂纹

零件名称：胶管总成

零件材料：20 钢

失效背景：某车辆在跑车过程中发现胶管总成的法兰与管焊接处存在裂纹，相关制造工艺均为焊接和回火。法兰与管的材质均为 20 钢。

失效部位：焊缝。

失效特征：胶管总成宏观形貌见图 6-10-1，箭头所指为开裂部位，裂纹沿法兰与管焊接部位的焊缝分布，外观无明显的焊接缺陷及外部损伤。垂直于裂纹取金相试样观察分析，发现焊接部位存在倒三角状的未焊透缺陷，裂纹由尖角处起始沿焊接热影响区扩展，见图 6-10-2，焊缝组织为魏氏组织+沿柱状晶分布的条块状铁素体+珠光体组织，见图 6-10-3，管和法兰的基体组织均为铁素体+珠光体，见图 6-10-4。

图 6-10-1 开裂部位宏观形貌

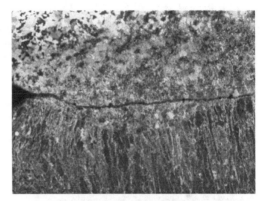

图 6-10-2 裂纹沿未焊透缺陷扩展 30×

图 6-10-3 焊缝基体金相组织 200×

图 6-10-4 管基体金相组织 100×

综合分析：焊接时坡口未填满，在受到外力作用时，尖角处应力集中，首先产生裂纹源并在零件受力过程中沿焊接热影响区的粗大组织扩展，导致焊缝开裂失效。

失效原因：未焊透焊接缺陷引起焊接裂纹。

改进措施：严格执行焊接工艺，根据工件尖角处应力集中程度确定合理的焊接参数值。

例 6-11　未焊合焊接缺陷导致发动机支架疲劳断裂

零件名称： 发动机支架

零件材料： Q235

失效背景： 某车辆跑车过程中，发现发动机支架有开裂现象。发动机支架相关制造工艺为焊接和回火。被焊接的肋条和底板材料均为 Q235 钢。

失效部位： 焊缝。

失效特征： 开裂发动机支架及断口宏观形貌见图 6-11-1~图 6-11-3。零件在焊接的销耳部位有两处断裂，一处开裂，见图 6-11-1 箭头所指。断裂处有严重挤压变形及磨损痕迹，断口 1 的断裂源已磨损掉，可见裂纹扩展纹路及终断区剪切唇痕迹，断口 2 已完全变形磨损；开裂处的裂纹沿焊接熔合线分布，见图 6-11-4。垂直于断口 2 取金相试样观察分析，被焊接的肋条和底板中间有未焊合缝隙，并且有从该缝隙沿熔合线分布的裂纹，见图 6-11-5，肋条和底板的基体组织均为铁素体+珠光体，底板基体有组织偏析，见图 6-11-6。垂直于图 6-11-1 中的裂纹取金相试样观察分析，断面及母材表面拐角处有向焊肉方向扩展的裂纹，见图 6-11-7，断面及裂纹两侧无脱碳现象，肋条和底板之间存在未焊合缺陷。

图 6-11-1　零件宏观形貌

图 6-11-2　断口 1 宏观形貌

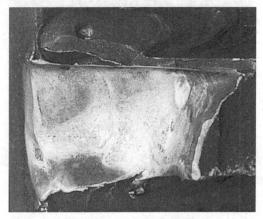

图 6-11-3　断口 2 宏观形貌

图 6-11-4　裂纹形貌

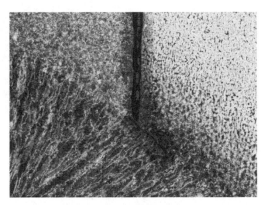
图 6-11-5　熔合线处沿晶组织　50×

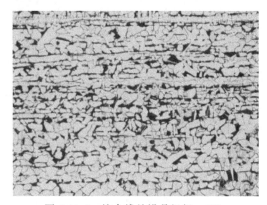
图 6-11-6　熔合线处沿晶组织　100×

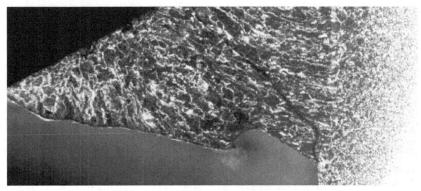
图 6-11-7　向焊缝方向扩展的裂纹　30×

综合分析：熔合线是连接焊缝金属和基体金属的载体，本身存在较大的应力，由于发动机支架焊缝存在未焊合缺陷，加大了应力集中程度，在使用过程中交变载荷的作用下，极易在应力集中部位形成裂纹源并发生疲劳扩展断裂。

失效原因：未焊合焊接缺陷导致焊缝疲劳断裂。

改进措施：严格控制焊接质量，保证零件整体金属的连续性，消除焊接应力。

第7章 表面处理缺陷因素引起的失效6例

例 7-1 抽油杆腐蚀疲劳断裂

零件名称： 抽油杆

零件材料： 20CrMoA

失效背景： 该抽油杆为 1″防腐抽油杆，是某油田某油井第 13 根杆，下井作业约 2 个月发生断裂失效。其主要工艺流程为冷拔、锻造、调质处理、机械加工、电镀硬铬、装配使用。

失效部位： 端头扳手方处。

失效特征： 断裂抽油杆宏观及断口形貌见图 7-1-1~图 7-1-3。镀层表面掉皮掉渣现象严重，断裂的端头扳手方处有多处掉皮掉渣。断面平齐，基本垂直于轴向，裂纹源起始于零件表面，由表面向心部扩展，终断区约占断口面积的 1/3，属疲劳断口。金相分析，裂纹源附近镀铬层厚度为 0.06mm，镀铬层组织不致密，存在多处孔洞、分层、裂纹等缺陷，基体表

图 7-1-1 抽油杆断裂宏观形貌

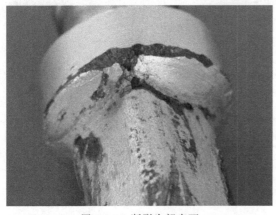

图 7-1-2 断裂头部表面

图 7-1-3 断口宏观形貌

148

面脱碳层深为 0.15mm，见图 7-1-4，宏观表面掉皮掉渣处多数为镀铬层及脱碳层剥落，并在基体形成口小底大、底部圆滑的腐蚀坑，见图 7-1-5，未剥落处有大量晶界加宽现象，产生于紧挨镀铬层的脱碳层，见图 7-1-6；杆部镀铬层厚度为 0.01mm，镀铬层组织致密，基体表面脱碳层深为 0.10mm，无晶界加宽现象，基体组织为回火索氏体，无过热过烧现象。

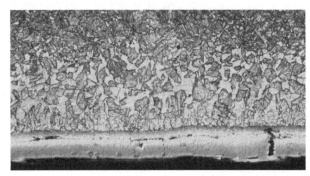

图 7-1-4　镀铬层组织缺陷及脱碳　200×

断口微观形貌见图 7-1-7。裂源附近零件表面腐蚀坑底部有含 Cl^- 腐蚀产物，裂源附近镀铬层中的孔洞、分层、裂纹等缺陷处未发现 Cl^- 腐蚀产物。图 7-1-6 所示的加宽晶界处富铬，其 X 射线能谱分析谱线见图 7-1-8。

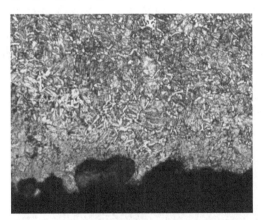

图 7-1-5　表面腐蚀坑形貌（浸蚀后）　200×

图 7-1-6　未剥落处晶界加宽　500×

20.0kV×244　100μm

图 7-1-7　裂源附近零件表面腐蚀坑

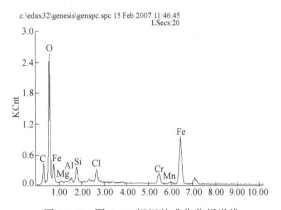

c:\edax32\genesis\genspc.spc 15 Feb 2007 11:46:45
LSecs:20

图 7-1-8　图 7-1-7 标记处成分分析谱线

综合分析： 首先，抽油杆端头镀铬层组织中的多处孔洞、分层、裂纹等缺陷下井前已存在，降低了零件的防腐能力，使强腐蚀介质易从缺陷处侵入镀铬层下，基体优先局部腐蚀，形成腐蚀坑，在宏观上表现为掉皮掉渣现象。其次，晶界明显加宽并富铬，表明镀铬时铬渗入抽油杆端头表面脱碳层的铁素体晶界，脆化了晶界，加速了裂纹源的产生和扩展。最后，当抽油杆使用过程中受到交变应力作用时，造成零件早期腐蚀疲劳断裂失效。

失效原因：腐蚀疲劳断裂。

改进措施：严格控制镀铬工艺，避免表面缺陷的形成。

例 7-2　表面过酸洗导致油嘴回油管断裂

零件名称：回油管

零件材料：20 钢

失效背景：油嘴回油管在使用约 40h 发生断裂。回油管的制造工艺为毛坯→退火→酸洗→弯管→焊接→酸洗→镀锌。

失效部位：回油管靠近焊接接头处。

失效特征：断裂位置靠近焊接接头，断口约 2/3 面积较为平齐，无塑性变形（未见减薄现象），其余部分呈塑性变形——管内壁向外翻，呈撕断状，见图 7-2-1。断裂源处可见裂纹开裂后漏油形成的油路冲刷痕迹，见图 7-2-2。裂纹扩展区域可见疲劳条带及疲劳台阶，见图 7-2-3。最后塑性撕裂区域可见大量韧窝形貌，见图 7-2-4。在油管内壁和外壁均发现有

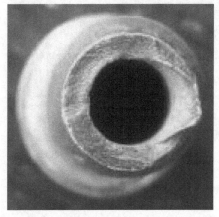

图 7-2-1　断口形貌

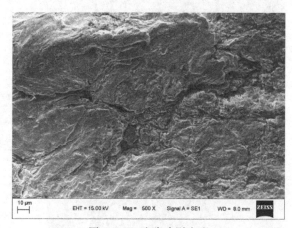

图 7-2-2　油路冲刷痕迹

图 7-2-3　疲劳条带及疲劳台阶形貌

图 7-2-4　韧窝形貌

大量纵向沟槽及微裂纹，尤其内壁较为严重，见图7-2-5。断口附近及其他区域均有镀层金属存在，见图7-2-6，可见镀层裂纹。基体金相组织为铁素体+球状珠光体，晶粒度为8.5级，断口附近未见晶粒明显粗大及组织改变。

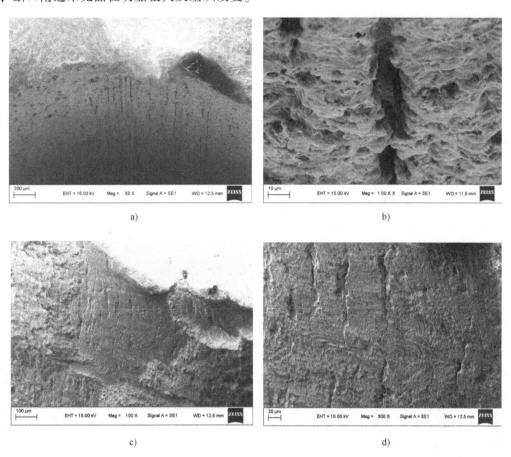

a)　　　　　　　　　　　　　　　　b)

c)　　　　　　　　　　　　　　　　d)

图7-2-5　内外壁形貌

a）内壁形貌　b）内壁放大后形貌　c）外壁形貌　d）外壁放大后形貌

综合分析：油管本身内外壁较粗糙，存在过酸洗现象。外壁的沟槽由于经过镀锌工艺，将沟槽填满。在油管使用过程中，受到振动应力及其他应力，在外壁沟槽较深处形成微裂纹，之后裂纹扩展形成漏油，进而快速疲劳扩展，最后撕断。由金相组织推断其断裂与焊接接头无关。因此，油管断裂是疲劳扩展的结果，断裂的根本原因是油管本身存在表面缺陷，在使用过程中形成裂纹源，最后裂纹在振动交变应力作用下，失稳扩展形成断裂。

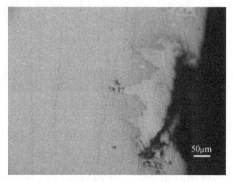

图7-2-6　镀层形貌

失效原因：严重过酸洗引起油管断裂。

改进措施：加强酸洗工艺管控，避免过酸洗。

例7-3 喷丸不当导致高强度螺旋弹簧扭转疲劳断裂

零件名称： 螺旋弹簧

零件材料： 高强度弹簧钢

失效背景： 某车辆用螺旋减振弹簧在行驶6000多km时断裂。螺旋弹簧相关制造工艺为下料、卷簧、热处理、喷丸和浸漆。

失效部位： 靠近车轮端第二圈。

失效特征： 断裂弹簧宏观及断口形貌见图7-3-1~图7-3-3。断裂位置在弹簧靠近车轮端第二圈，断面与轴向约成45°，断面呈浅灰色，有金属光泽，较平齐，无明显塑性变形痕迹，断裂源位于弹簧内圈表面，呈螺旋放射状扩展，有明显的疲劳特征。疲劳源附近纹路较细腻，有清晰的疲劳贝纹线，旋转放射状区域占断口的大部分面积，纹路较粗。断口附近微观形貌见图7-3-4和图7-3-5。零件断面及断裂源附近未发现明显冶金缺陷，断裂源附近的零件周边表面有脱碳现象，最表面的全脱碳铁素体层已有部分剥落，现存脱碳层深为0.20mm。基体显微组织为回火屈氏体+少量细小粒状碳化物。在远离断裂源且漆皮完整的位置取样观察，零件表面有脱碳现象，最表面的全脱碳铁素体层已有部分剥落，现存脱碳层深为0.30mm。

图7-3-1 断裂件形貌

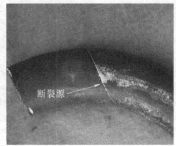

图7-3-2 图7-3-1局部放大

图7-3-3 断口形貌

图7-3-4 断裂源附近表面脱碳 50×

图7-3-5 完整漆皮下的脱碳层剥落 100×

综合分析： 整个断口为在拉压、扭转交变应力及冲击载荷作用下的扭转疲劳断裂。零件表面脱碳层的剥落产生于喷丸工序，最表面的全脱碳铁素体层是在被圆柱形钢丝切丸表面尖锐处碰撞时剥落的，是诱发疲劳源生成的主要原因。

失效原因： 喷丸不当导致扭转疲劳断裂。

改进措施： 改进螺旋弹簧喷丸工艺，在强化表面的同时提高压应力，避免裂纹源的产生。改进后未发生类似失效。

例7-4 风帽阳极硬质氧化不当引起的表面处理色差缺陷

零件名称：风帽

零件材料：7075

失效背景：某型多用途弹药的风帽所采用的原材料为7075超硬铝合金棒材，7075铝合金原材料棒材的供应状态为退火态，7075铝合金原材料棒材的挤压方式为反向挤压。该型铝合金风帽的制造工艺流程为：铝棒→锯切下料→温挤成形→淬火→人工时效→精加工→阳极硬质氧化。该型多用途弹药的风帽经硬质阳极氧化处理后，发现其表面存在明显色差。

失效部位：风帽外表面。

失效特征：风帽的外表面尾部存在深黄色色斑，色泽与正常部位的亮灰色明显不同，见图7-4-1。分别在深黄色色斑处及正常亮灰色泽处制取试样，试样经超声清洗后进行能谱分析，能谱分析结果分别见能谱图7-4-2和图7-4-3，图7-4-2和图7-4-3部位的元素相同、含量相近，均属于硬质氧化产物。试样横截面的能谱结果见图7-4-4和图7-4-5，元素种类相同、含量相近；金相组织如图7-4-6和图7-4-7所示，组织均为α固溶体，α固溶体上分布着少量的均匀分布的合金相，属正常组织。

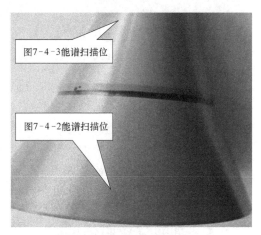

图7-4-3能谱扫描位

图7-4-2能谱扫描位

图 7-4-1 风帽的外观形貌

元素	质量分数(%)	原子分数(%)
C K	0.88	1.44
O K	56.03	69.17
Mg K	0.43	0.35
Al K	33.16	24.27
S K	5.65	3.48
Cl L	0.26	0.15
K K	0.25	0.13
Zn L	3.34	1.01
总量	100.00	

图 7-4-2 深黄色斑表面的能谱图

元素	质量分数(%)	原子分数(%)
C K	0.80	1.33
O K	54.18	67.56
Mg K	0.37	0.30
Al K	34.94	25.83
S K	5.97	3.72
Cl K	0.29	0.16
Ca K	0.20	0.10
Zn L	3.25	0.99
总量	100.00	

图 7-4-3 正常色泽表面的能谱图

元素	质量分数(%)	原子分数(%)
C K	0.31	0.71
O K	1.99	3.47
Mg K	1.53	1.76
Al K	86.77	89.97
Mn K	0.40	0.21
Cu L	1.91	0.84
Zn L	7.08	3.03
总量	100.00	

图 7-4-4 色泽正常处的横截面能谱图

元素	质量分数(%)	原子分数(%)
C K	0.74	1.72
O K	1.65	2.88
Mg K	1.51	1.73
Al K	86.79	89.65
Mn K	0.37	0.19
Cu L	1.99	0.87
Zn L	6.95	2.96
总量	100.00	

图 7-4-5 深黄色斑处的横截面能谱图

图 7-4-6 试样横截面的组织形貌（深黄色斑处） 　　图 7-4-7 试样横截面的组织形貌（正常色泽处）

综合分析：深黄色斑与正常色泽处的材料成分相近、组织相同，这表明深黄色斑产生原因与材质和热加工无关。深黄色斑与正常色泽的表面成分一致，均为硬质氧化成分，这说明该深黄色斑产生于表面处理过程中，是硬质氧化溶液浓度分布不均所导致的。

失效原因：硬质氧化溶液浓度分布不均匀导致风帽出现表面处理色差缺陷。

改进措施：严格按表面处理操作规程操作；工件清洗干净、槽液搅拌均匀后方可进行工件的表面处理。严格按操作工艺进行操作时，风帽未再出现色差问题。

例 7-5　垫圈氢致脆性断裂

零件名称：垫圈

零件材料：40Cr

失效背景：某车辆用垫圈的主要工艺流程为下料、热处理、表面镀锌、去氢处理、装配使用。装配时用螺栓将垫圈拧在钢板上，共 4 件，均在装配后开裂。

失效部位：零件径向。

失效特征：开裂垫圈宏观及断口形貌见图 7-5-1 和图 7-5-2。裂纹呈径向放射状分布，有些裂纹已裂透，锯齿状，均从与钢板装配面起始，宏观断口平齐，结晶状+木纹状，脆性，未见明显的宏观塑性变形，靠近零件表面起始断裂区域呈暗灰色，向基体扩展的区域为亮灰色的新鲜断口。断口微观形貌见图 7-5-3 和图 7-5-4，有少量撕裂韧窝，局部沿晶开裂，晶面上有鸡爪痕，晶界上未发现其他杂质元素。将未见裂纹的已装配垫圈拆卸并机械折断后观察断口，断面有较多非金属夹杂物，断口以韧窝为主，见图 7-5-5。金相观察，断面及裂纹沿

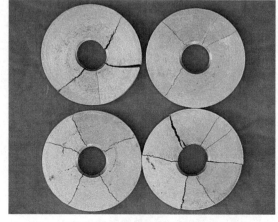

图 7-5-1　开裂垫圈宏观形貌

晶分布，垫圈上下表面均存在由于镀锌过程中与外界相通的硫化锰夹杂物被腐蚀反应后所造成的开口，有些开口尾部与硫化物夹杂相连，见图7-5-6，零件表面脱碳层深0.02mm，断面无脱碳，基体非金属夹杂物按照GB/T 10561—2005评为A1.5级、B0.5级、C0级、D0级，基体组织为回火屈氏体，存在带状偏析。

图7-5-2　断口宏观形貌

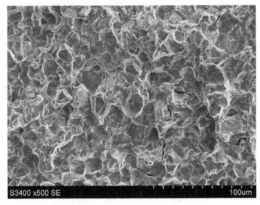

图7-5-3　图7-5-2断口微观形貌

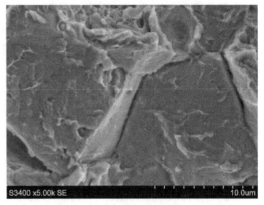

图7-5-4　图7-5-3局部放大形貌

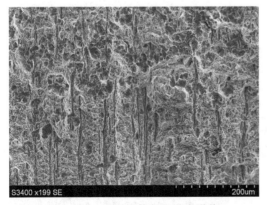

图7-5-5　无裂纹件断口微观形貌

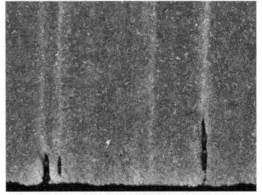

图7-5-6　浸蚀后的垫圈表面开口形貌　200×

综合分析：由于在镀锌处理过程中会产生析氢反应，氢侵入金属基体，当不及时去氢处理或氢未完全去除时，易产生氢致延迟裂纹，导致零件在受到外力作用时开裂。呈暗灰色的断口是在镀锌处理后开裂，并在随后的去氢处理过程中断面低温氧化所造成的。

失效原因：氢致脆性断裂。

改进措施：零件表面镀锌后及时进行去氢处理。改进后未发生类似失效。

例7-6 平列双扭弹簧材料缺陷导致断裂

零件名称：扭簧

零件材料：平列双扭簧

失效背景：平列双扭弹簧是由弹簧钢丝经绕制、整形、去应力回火、电镀、除氢及检验等工序制成。这种扭簧连续几批在装配过程中以及在装配后的存放中出现了延时断裂的情况，断裂概率在7‰左右。

失效部位：这种扭簧的断裂一般发生在扭簧的簧圈部位。图7-6-1中，箭头1所指的为正常扭簧，箭头2所指的为断裂扭簧。

失效特征：宏观检查，扭簧的断裂大多发生在绕制时材料形变较大、使用时受力较大的簧圈部位。扫描电子显微镜检查断口，失效扭簧的断口呈脆性断口，具有河流花样，裂源起于次表面，始断区断口平整，见图7-6-2。在断口附近截取扭簧材料横断面试样进行扫描电子

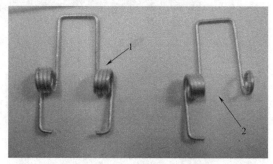

图7-6-1 正常扭簧与断裂扭簧

显微镜观察，可见失效扭簧的横断面上分布着大小不一的夹杂物，有的TiN夹杂物颗粒旁边已萌生了裂纹，见图7-6-3和图7-6-4。

综合分析：这种扭簧设计的簧圈直径与钢丝直径之比偏小，弹簧工作时簧圈受力偏大，接近弹簧钢丝承受能力极限；电镀后除氢温度偏低，除氢不够彻底。在应力、残余氢和材料中夹杂物的作用下，材料内萌生裂纹，裂纹扩展导致延迟断裂。

失效原因：材料和设计缺陷导致断裂。

改进措施：严格控制电镀、除氢工艺，大幅度降低产品中的残余氢含量。

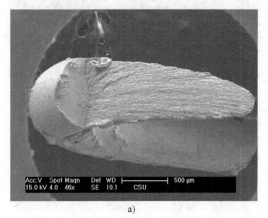

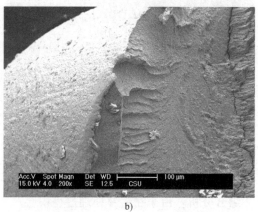

a)   b)

图7-6-2 扭簧断口扫描电子显微镜照片

a) 簧圈上的断口   b) 局部放大

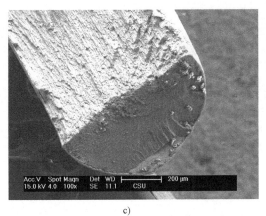
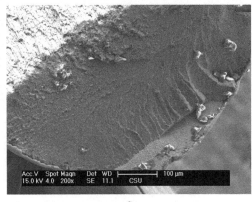

c)　　　　　　　　　　　　　　　　　d)

图 7-6-2　扭簧断口扫描电子显微镜照片（续）

c）对应一侧的断口　　d）局部放大

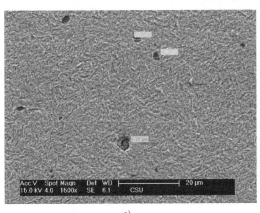
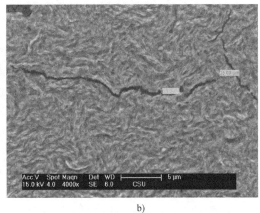

a)　　　　　　　　　　　　　　　　　b)

图 7-6-3　扭簧材料中的缺陷

a）夹杂物　　b）裂纹

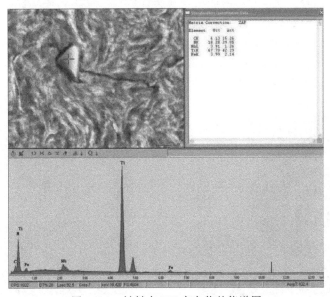

图 7-6-4　材料中 TiN 夹杂物的能谱图

第8章 环境因素引起的失效5例

例8-1 应力腐蚀裂纹导致水泵轴扭转过载断裂

零件名称：水泵轴

零件材料：中碳合金钢

失效背景：某车辆发动机台架试验运转过程中，监测发现发动机水压逐渐归零，水温逐渐升高并报警，拆检水泵后发现水泵轴及水泵叶轮发生断裂。水泵轴和水泵叶轮为冷压装配，水泵叶轮为HT250灰铸铁件，水泵轴经过调质处理。

失效部位：轴径变化位置。

失效特征：失效件水泵轴与水泵叶轮宏观形貌见图8-1-1和图8-1-2，断裂后的水泵轴仍套在水泵叶轮中心孔内，断口宏观形貌见图8-1-3，已严重挤压磨损并有锈蚀，断面与轴向成45°，疲劳源位于轴表面，疲劳源区平坦细腻，扩展区可见放射状纹线，属扭转断裂。将两失效件机械分离后，水泵轴疲劳源位于轴径变化（ϕ15.8mm和ϕ15.9mm交界）处，轴径为ϕ15.8mm的轴上有约2mm的较明显锈蚀带，见图8-1-4。SEM分析，ϕ15.8mm轴径变化处及附近有多条小裂纹，见图8-1-5，锈蚀带腐蚀较严重，该区域表面有较多网状裂纹，无摩擦磨损痕迹，见图8-1-6，裂纹开口处及内部均存在腐蚀产物。金相观察，断裂源及附近的锈蚀带上有较多深浅不一的凹坑及小裂纹，凹坑最深达0.13mm，大部分小裂纹均从凹坑处起始开裂，并垂直于轴向向基体延伸，部分裂纹尾部分叉，零件表面、断面及裂纹两侧均无脱碳，凹坑处无组织变形，见图8-1-7和图8-1-8，其余表面较光滑，未发现裂纹，基体组织为回火索氏体+少量贝氏体+铁素体。基体硬度正常。水泵叶轮断口是较大外力导致的脆性过载断裂。

图8-1-1 失效件正面形貌

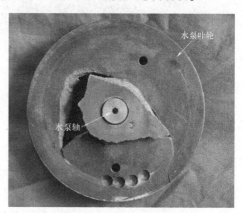

图8-1-2 失效件背面形貌

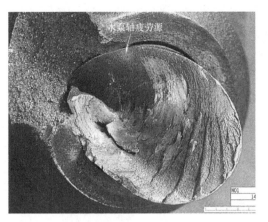

图8-1-3　断口宏观形貌

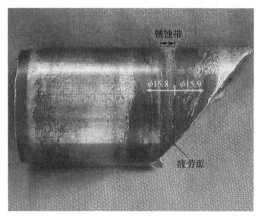

图8-1-4　水泵轴锈蚀带

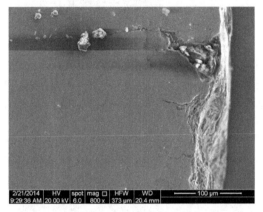

图8-1-5　尺寸变化处的裂纹

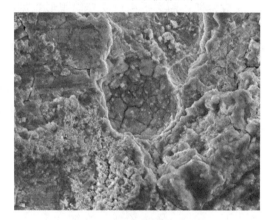

图8-1-6　腐蚀区微裂纹

图8-1-7　凹坑及裂纹　100×

图8-1-8　浸蚀后的凹坑及裂纹　300×

综合分析： 零件在腐蚀性环境中工作，水泵叶轮内孔有倒角，由于阻尼作用，水泵轴与叶轮倒角之间的液体相对流动性较小，液体冲刷作用也相对较小，在锈蚀与腐蚀过程中生成的离子浓度不断增加，腐蚀也更加严重，$\phi15.8$mm轴径变化区域是水泵轴与叶轮中心孔配合区的结束位置，也是承受力矩最大的部位，在零件运行过程中受到较大应力，产生应力腐蚀裂纹，并扭转过载断裂。

失效原因：应力腐蚀裂纹导致扭转过载断裂。

改进措施：改进结构设计或改善零件工作环境。

例8-2　平衡肘支架应力腐蚀裂纹

零件名称：平衡肘支架

零件材料：ZG32MnMoA

失效背景：某轻型车辆在行驶过程中发现平衡肘支架开裂。零件主要制造工艺为铸造、清理和热处理，所用材料为中碳合金铸钢。

失效部位：铸造R角。

失效特征：断裂平衡肘支架宏观形貌见图8-2-1～图8-2-3。裂纹位于铸造R角处，用脱漆剂去掉零件表面防锈漆并用除锈液除掉表面锈斑，可见零件表面有较多的腐蚀坑和沿R角分布的小裂纹。裂纹打开后的断口宏观形貌见图8-2-4。断面有锈蚀痕迹和较多的外来填充物，有明显的撕裂扩展棱线，用除锈液清洗后观察，断面呈银灰色。垂直于裂纹取金相试样观察，裂纹由表面向基体延伸，主裂纹附近有多条平行于主裂纹的小裂纹，头宽尾细，似倒楔形，裂纹两侧无氧化和脱碳现象，见图8-2-5和图8-2-6；零件基体组织为回火索氏体+贝氏体+铁素体，见图8-2-7。

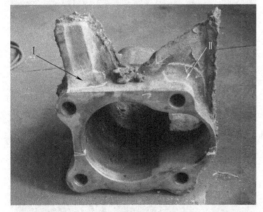

图8-2-1　零件宏观形貌及开裂位置

图8-2-2　图8-2-1中Ⅱ处局部放大

图8-2-3　脱漆、除锈后的表面

图8-2-4　断口宏观形貌

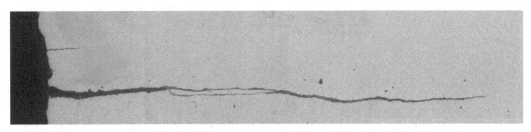

图 8-2-5　裂纹微观形貌　50×

图 8-2-6　裂纹两侧无脱碳　100×

图 8-2-7　基体组织　500×

综合分析：零件铸造 R 角处属于应力集中部位，裂纹断面有明显的撕裂扩展棱线，也说明零件所受到的应力较大。零件在腐蚀环境中表面产生了腐蚀坑缺陷，这些腐蚀坑缺陷是裂纹源萌生之处，在应力作用下部分裂纹发生扩展后，应力得到释放，其他大多数小裂纹则停止扩展。

失效原因：应力腐蚀裂纹。

改进措施：改善零件应力条件或腐蚀环境。

例 8-3　球面轴承应力断裂

零件名称：球面轴承

零件材料：合金结构钢

失效背景：某球面轴承在使用过程中发现异常，停机检修时发现该球面轴承已经发生断裂，见图 8-3-1。

失效部位：断裂部位位于球面轴承卡位槽处，在油孔部位首先开裂。

失效特征：断裂处位于 5mm×3.5mm 卡位槽处，但卡位槽的外边缘已变形，见图 8-3-2。在宽 17mm 的平端上有由断口边缘向外扩展的小裂纹，见图 8-3-3。在该断裂处的断口上可见断裂棱线由径向的 φ3mm 的油孔边缘扩展，见图 8-3-4。而在另一断裂面的断裂棱线则在内圆边缘呈线性状的扩展，见图 8-3-5。由此可知轴承断裂首先在 φ3mm 的油孔部位形成。沿晶断裂形貌如图 8-3-6 所示。

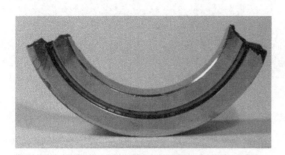

图 8-3-1　断裂球面轴承外观

图 8-3-2　明显变形的卡位槽

图 8-3-3　由油孔处向外放射的裂纹

图 8-3-4　裂纹沿油孔边缘扩展

图 8-3-5　断裂呈线性状的扩展

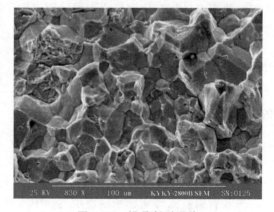

图 8-3-6　沿晶断裂形貌

综合分析：断裂球面轴承的化学成分、渗碳层深度、渗碳层硬度均符合技术条件要求。对断口进行宏观分析，断裂起源于 φ3mm 油孔处并线性快速向纵深扩展直至断裂，具有明显的脆性断裂的特征。通过对断口的扫描电子显微镜分析，该断口起始处为明显的沿晶断裂，具有大应力撕裂的特征。图 8-3-2 中变形的卡位可证实该产品所受的异常应力。球面轴承的断裂是工作状态下受到异常的外应力，致使发生脆性断裂。

失效原因：过载导致球面轴承脆性断裂。

改进措施：正确操作使用，避免工件受到异常外力作用。

例8-4　卡箍带表面损伤断裂

零件名称：卡箍带

零件材料：碳素钢

失效背景：一产品卡箍带在使用过程中发生断裂。

失效部位：裂纹位于卡箍带一端螺纹孔处，见图8-4-1。

失效特征：裂纹位于卡箍带一端螺纹孔处，见图8-4-2。将卡箍带断裂的两断口偶合，在断裂的外表面有较明显的表面损伤，断裂部位穿过表面损伤并将其分成两部分，见图8-4-3。

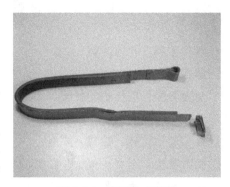

图8-4-1　断裂的卡箍带

图8-4-2　断裂处外观

图8-4-3　端口处的表面损伤

综合分析：卡箍带化学成分符合相关技术条件要求，选择同批次的产品进行力学性能测试，力学性能符合相关的材料力学性能指标。排除因产品本身超出许用应力而导致断裂的可能。对断口进行扫描电子显微镜观察，断裂是由外表面向心部扩展，见图8-4-4，在断裂起始处可见表面损伤与变形的韧窝带相连，并向断口心部扩展，见图8-4-5。

图8-4-4　断口撕裂棱线

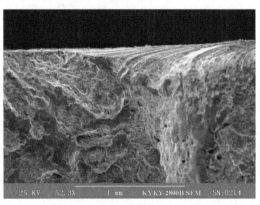

图8-4-5　断裂起源于表面损伤

失效原因：由于表面损伤产生的应力集中导致卡箍带产生早期断裂。

改进措施：控制产品的生产过程，避免表面损伤的存在。

例8-5 应力腐蚀导致圆柱螺旋拉伸弹簧的半圆轴环断裂

零件名称：拉伸弹簧

零件材料：60Si2Mn

失效背景：圆柱螺旋拉伸弹簧的半圆轴环（以下简称拉环）在装配（拉簧）过程中或装配完成短时间内出现个别断裂现象，断裂比例约为1%。拉簧的工艺流程为：绕制→去应力退火→制作拉环→镀锌→除氢。

失效部位：断裂位置位于拉簧的折弯处。

失效特征：由未断裂的弹簧可见折弯处存在两处折痕：第一处靠近弹簧主体；第二处靠近拉环主体，见图8-5-1。裂纹源处（箭头所指）沿直径方向存在约0.6mm沿晶脆性断口区，断口上存在腐蚀产物，含有较多氯元素。其他区域为韧窝状韧性断裂，见图8-5-2。根据断口的形态及断裂位置，将断裂工件的另一端未断的拉环进行取样，垂直折弯压痕处沿纵截面高倍观察，发现第二处折痕处有裂纹存在，见图8-5-3，裂纹深

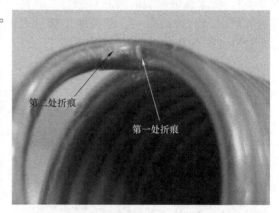

图8-5-1 未断裂的弹簧上的折痕形貌

度为0.240mm，主裂纹两侧存在较多的二次裂纹。经硝酸酒精溶液腐蚀后，裂纹两侧未见脱碳现象，工件的基体组织为回火屈氏体。将另外两个断裂工件未断的拉环按上述方式取样高倍观察，同样发现在第一、第二折痕处存在类似裂纹。将拉伸试验后未发生断裂的弹簧（共取5个样）也以同样的方式取样高倍观察，未发现裂纹，但其第一、二折痕处明显过渡较圆滑。

综合分析：根据上述分析，断裂弹簧的断口均存在沿晶脆性断裂区域与韧性撕裂区域，裂源处存在腐蚀产物，腐蚀产物含有较多氯元素；未断裂的拉环折弯处也存在较深裂纹，裂纹存在较多二次裂纹，裂纹处未见氧化、脱碳现象；工件的基体组织为正常的回火屈氏体组织；断裂处为拉环折弯处，该处处于拉应力集中点。以上这些都满足应力腐蚀断裂的特征及条件，因此，弹簧断裂是由于在手工加工拉环时，个别弹簧的折弯处形成了较尖锐的机械损伤，制作拉环完成后该处处于拉应力集中点，加上后续工艺路线未进行去应力退火，在后续工艺的氯离子腐蚀环境中，形成了应力腐蚀开裂，导致工件有效承载能力低于设计能力，而在挂簧过程中或挂簧完成后形成断裂。

失效原因：机械损伤形成的应力集中导致弹簧在后续应力作用下腐蚀开裂。

改进措施：改进折弯工装，避免形成损伤。

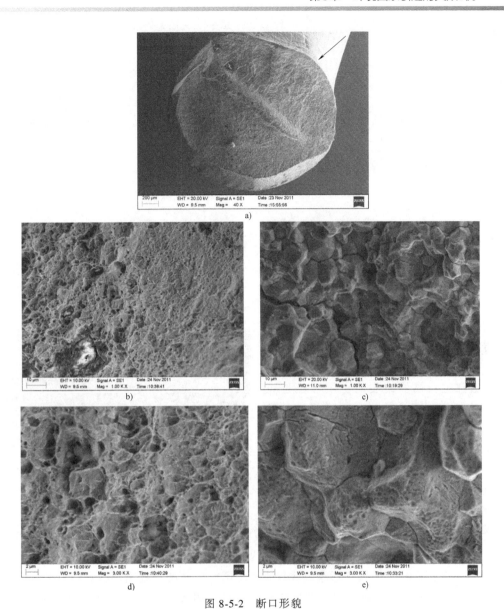

图 8-5-2　断口形貌

a）裂纹源　b）韧窝形貌　c）冰糖块形貌　d）韧窝放大后形貌　e）冰糖块放大后形貌

图 8-5-3　裂纹形态　200×

第9章 使用不当因素引起的失效13例

例9-1 筒形焊接件壳体因使用不当导致过载爆炸破坏

零件名称: 壳体

零件材料: 超高强度钢

失效背景: 筒形焊接件壳体在−40℃环境下对其内部装载的含能材料进行承压检验时,发生意外爆炸事故。

失效部位: 爆炸破裂的主要部位是壳体的圆筒部位,两端的封头也有损伤,见图9-1-1。

失效特征: 壳体残骸断口上均未见先期裂纹。除被撞严重弯曲的部位以外,残骸上的隔热涂层基本完好,尚未脱落。从残骸上切取试样复测壳体材料的组织和力学性能,

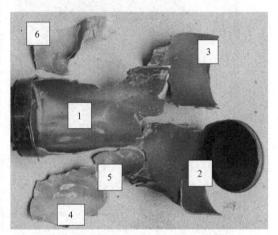

图9-1-1 壳体爆炸后收集到的主要残骸

均符合壳体设计要求。将壳体残骸按其破坏前的位置拼凑起来检查,可见壳体上的主裂纹是2、3、4、6号残骸之间的1条贯穿破裂区的纵向裂纹。残骸断口为过载断口,断口上存在人字形条纹,见图9-1-2,人字形条纹收敛于壳体圆筒中部的焊缝附近,见图9-1-3。取样检测其焊缝及热影响区的材料组织,未见明显的夹杂、粗大相及粗大晶粒,焊接热影响区较小,见图9-1-4和图9-1-5。对起始断裂区域断口进行电子显微镜检测,未见明显的非金属夹杂物,也未见陈旧初始微裂纹,见图9-1-6。

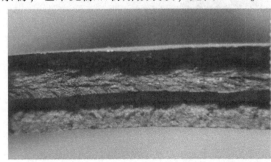

图9-1-2 第3号残骸主裂纹断口上的人字形条纹

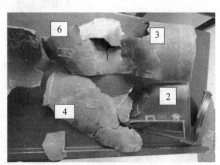

图9-1-3 筒形壳体爆炸破裂的主裂纹及起始断裂区域

图 9-1-4　焊缝及热影响区的组织

图 9-1-5　基体（母材）的组织

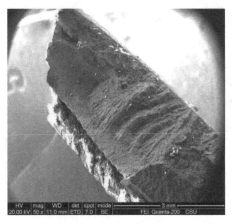

图 9-1-6　起始断裂区的断口形貌

综合分析：上述失效特征表明：壳体的失效与壳体的原材料、制造工艺及质量无关。壳体内装载的含能材料工作异常，使壳体承载的压力异常增大，超过壳体的强度极限，导致壳体过载冲击断裂失效。

失效原因：壳体内含能材料工作异常，致使壳体过载冲击断裂失效。

改进措施：正确执行产品操作规范。

例9-2　受力不均匀导致螺栓变形和断裂

零件名称：螺栓

零件材料：42CrMoA

失效背景：该螺栓为 1.5MW 风机 SP1-530×910 锁紧盘装配所用，12.9 级，每个锁紧盘配套 24 个螺栓，分 4 组，每组 6 个，装配位置见图 9-2-1。装配过程中发现一件螺栓断裂后，将 24 个螺栓拆下检查，发现每个螺栓均不同程度地变形和拉长，每组的 3# 螺栓和 6# 螺栓变形最大，有明显缩颈和拉长现象，缩颈量达到 2mm 左右，已发生永久变形，见图 9-2-2。从拆下螺栓的磨损情况可以看出，螺栓与锁紧盘配合部分约 10~11 个螺纹牙，在受力面均有相当程度的磨损和变形，见图 9-2-3，说明螺栓受力之大。将 6# 断裂螺栓解剖分析。

图 9-2-1　螺栓装配位置宏观形貌

图 9-2-2　螺栓缩颈拉长

失效部位： 螺纹根部。

失效特征： 6#断裂螺栓宏观及断口形貌见图
9-2-4 和图 9-2-5。断裂处明显缩颈，断裂起始于螺
纹根部，断口前部具有扭转断裂特征，后部具有
拉伸受力断裂特征。经观察，断裂起始于螺纹根
部，该处无明显冶金缺陷，见图 9-2-6，断面无氧
化脱碳现象；螺纹牙表面有不同程度的脱碳现象，
每个螺纹牙顶部均有 2~3 条与表面成一定角度的
折叠，折叠均在脱碳层内，深度不等，最深为
0.17mm，见图 9-2-7，基体组织为回火屈氏体，有
组织偏析，见图 9-2-8。断裂螺栓头部六角平面、

图 9-2-3　螺纹牙磨损形貌

横截面心部硬度及未使用过的螺栓末端表面硬度均为 401HBW，符合 GB/T 3098.1—2010 中
12.9 级螺栓要求。

图 9-2-4　6#螺栓断裂位置

图 9-2-5　断口宏观形貌

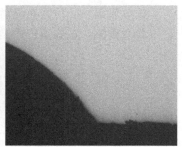

图 9-2-6　断裂起始处　50×

综合分析： 按照锁紧盘安装使用规程，锁紧盘螺栓应对角、交叉、均匀地预紧，如按
1、4、6、3、5 的顺序，分析认为锁紧盘 24 个螺栓中每组的 3#和 6#螺栓变形最大，与螺
栓拧紧顺序有关，并且 3#和 6#螺栓有明显缩颈和拉长现象，已发生屈服变形，说明螺栓在
断裂之前所受外力已超过其自身的屈服强度。从拆下螺栓螺纹牙受力面的磨损情况也可看出

螺栓受力之大。从断裂螺栓断口的形貌特征可看出，螺栓是在装配旋进受力过程中发生扭转断裂。而螺纹根部本身为应力集中部位，是断裂源萌生之处。

　　失效原因：受力不均匀导致变形和断裂。

　　改进措施：装配锁紧盘时注意拧紧顺序。

 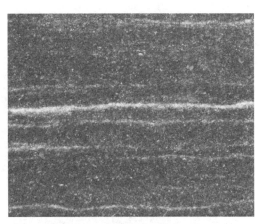

图 9-2-7　浸蚀后的螺纹牙顶部　300×　　　　图 9-2-8　基体带状组织　100×

例9-3　载重汽车车桥的多源疲劳断裂

　　零件名称：车桥

　　零件材料：40Cr

　　失效背景：某型重载汽车的车轴所用原材料为40Cr合金结构钢管材，熔炼方式为电弧炉熔炼，供应状态为热轧状态。车轴生产工艺流程：轴管→下料→感应淬火→一次旋压成形→感应淬火→二次旋压成形→矫直→完全退火→调质处理→精加工。某载重汽车行驶两年后，在行驶途中车桥突然断裂。

　　失效部位：车轴与轮毂间的颈根部。

　　失效特征：拆解检查，整个车桥断裂成 2 截，在断口的周向边缘一侧，可见多条高差较大的台阶同时向内扩展；断面上可见极为粗糙、密度稀疏的疲劳弧线，疲劳破断区光泽较暗，瞬断区所占的面积大于断口总面积的 50%，断裂为多源疲劳断裂，车桥断裂的形貌见图9-3-1。疲劳扩展区附近存在放射状的撕裂棱线，见图9-3-2。断裂源附近的组织为均匀的回火索氏体，见图9-3-3。

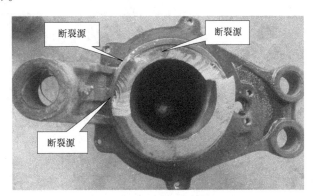

图 9-3-1　失效轴实物

　　综合分析：材质和组织正常，车桥的断裂与原材料和热加工工艺无关。断口的边缘台阶高差大，呈多源疲劳断口特征；断面粗糙、色泽较暗、存在密度稀疏的疲劳弧线，瞬断区所占的面积大于断口总面积的 50%。这些特征说明：导致多源疲劳断裂的应力和过载大、断裂速度快。该车桥断裂是由于严重超载引起的。

失效原因：严重超载引起车桥多源疲劳断裂。

改进措施：严禁超载。

图 9-3-2　宏观断口形态

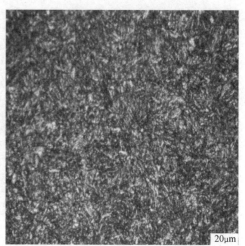

图 9-3-3　断裂源附近的组织形貌

例 9-4　复杂交变应力导致履带销疲劳断裂

零件名称：履带销

零件材料：合金结构钢

失效背景：某车辆履带在较短跑车过程中左右履带销各发生一根断裂，见图 9-4-1。

图 9-4-1　断裂的履带销外观

失效部位：断裂部位均在履带销的端部 R18 斜坡根部。

失效特征：两断裂件的断裂均在 R18 圆角斜坡根与斜面螺栓的梯形台外边接触处，纵观整个断裂面为典型的疲劳断裂形貌。

综合分析：履带销化学成分、硬度均符合相关技术条件要求。断裂起源于履带销斜面处，疲劳起源呈线性状并逐步向心部扩展。疲劳弧线较宽并清晰可见，这是典型的低周高应力状态的疲劳断裂形貌，见图 9-4-2。显微组织均为均匀的回火索氏体，见图 9-4-3。通过对疲劳源的观察，在疲劳源处未发现引起裂纹产生的其他缺陷。

失效原因：履带销的断裂是较大外应力和复杂交变应力共同作用下所发生的早期断裂。

改进措施：减少或避免恶劣工况，以延长工件使用寿命。

图 9-4-2 断裂履带销外观形貌

图 9-4-3 均匀的回火索氏体

例 9-5 石油钻杆管体高应力弯曲过载断裂

零件名称： 石油钻杆管体

零件材料： 低碳合金钢

失效背景： 石油钻杆管体为石油钻具，一口井共 30 根，钻至距地面约 400m 时发生钻不动现象，提钻时发现该钻杆断裂，断裂件为靠近中间的钻杆。该零件相关工艺流程为毛坯、热镦粗、热处理、机械加工、装配使用。

失效部位： 钻杆管体薄壁处。

失效特征： 断裂位置位于钻杆管体薄壁处，靠近母接头，断裂处有明显缩颈现象，见图 9-5-1，断口内外壁表面无明显磨损痕迹，断面基本垂直于轴向，断口壁厚有减薄，见图 9-5-2，断面呈灰色，裂纹源位于管体外壁一侧，见图 9-5-2 箭头所指及图 9-5-3，为线源，裂纹源区及扩展区平齐细腻，瞬断区较粗糙，有明显的剪切唇，整个断面具有明显的弯曲断裂特征。金相观察，裂纹源处未见明显冶金缺陷，有组织变形，裂纹源附近表面脱碳层深为 0.12mm，见图 9-5-4，整个断面无氧化脱碳现象，基体显微组织为回火索氏体，属调质组织。

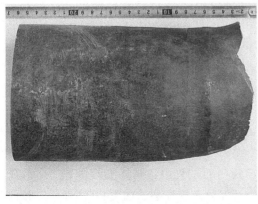

图 9-5-1 断裂宏观形貌及断裂位置

图 9-5-2 断裂处缩颈现象

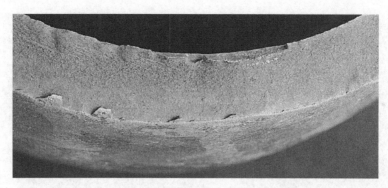

图 9-5-3　图 9-5-2箭头处局部放大

图 9-5-4　裂纹源处组织变形及脱碳　100×

综合分析：由于钻杆管体工作时受到较大的弯曲应力和工作应力，超过了钻杆管体自身的屈服强度，在薄壁处形成变形缩颈，并在外壁一侧首先形成裂纹源，进一步形成高应力单向弯曲过载断裂。

失效原因：高应力弯曲过载断裂。

改进措施：进一步检查石油钻杆管体工作应力状态。

例 9-6　错误使用阀门型号导致截止阀开裂

零件名称：截止阀

零件材料：HT200

失效背景：失效阀门的型号为 J41H-1.6 截止阀。标识是 DN80、PN16，于 2006 年 3 月生产，于 4 月 12 日安装，安装后通汽无异常。于 7 月 9 日上午车间需要生产用蒸汽（蒸汽温度约为 350℃），要求工人将阀门开启，在开启阀门的过程中，阀体突然爆炸，当时压力表显示为 0.55MPa（5.5kgf），阀门标识面靠近法兰部分直接开裂，如图 9-6-1 所示。该阀门额定工作压力为 1.6MPa（16kgf），在没有达到所需要的工作压力时，阀门已经开裂，造成操作工人受伤。

失效特征：根据 GB/T 12226—2005《通用阀门灰铸铁件技术条件》，从材料的化学成分分析结果（见表 9-6-1），得出该材料属于 HT 200 型灰铸铁。从表中看到，Mn 含量偏低。石墨分布形状为 A 型、C 型和 F 型的混合石墨，见图 9-6-2。金相组织为珠光体+铁素体+碳化物，见图 9-6-3。

图 9-6-1　失效阀门外观

表 9-6-1　化学成分分析结果（质量分数,%）

元素	C	Si	Mn	P	S	Ni	Cr	Cu	Ti
试样	3.29	1.91	0.28	0.14	0.11	0.021	0.013	0.013	0.11
壁厚小于15的推荐指标	3.2~3.6	1.9~2.2	0.6~0.9	≤0.15	≤0.12	—	—	—	—

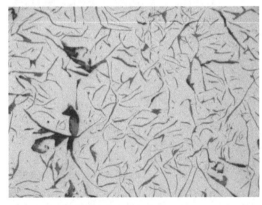

图 9-6-2　石墨形态　100×

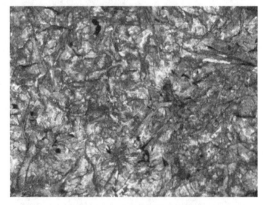

图 9-6-3　金相组织　100×

综合分析：根据 JB/T 5300—2008《工业用阀门材料　选用导则》规定公称压力为 PN16、工作温度为 350℃的蒸汽阀门阀体须采用碳素钢制阀体方能满足要求。本案中的灰铸铁阀体只能工作在 100℃以下。选用材质错误，阀体强度不足导致工作时发生爆裂。

失效原因：阀门使用范围不当导致阀体爆裂。

改进措施：严格按照阀门使用范围选购阀门。

例9-7　齿轮韧性扭转过载断裂

零件名称：齿轮

零件材料：低碳合金钢

失效背景：断裂齿轮用于某重载车辆传动箱上，与内齿轮相啮合。该零件所在车辆行驶过程中启动失灵，拆车检查发现齿轮在退刀槽处断裂，传动箱上的内齿轮与泵体研死。

失效部位：退刀槽。

失效特征：齿轮断裂位置在退刀槽靠近齿轮的圆弧过渡处，见图9-7-1箭头A所指，靠近卡爪一端的轮齿齿顶有摩擦发蓝现象，见图9-7-1箭头B所指。断口磨损严重，断裂面已被完全破坏，靠近中心孔部位有氧化发蓝现象，见图9-7-2和图9-7-3，从断口磨损痕迹分析，齿轮所受力为旋转剪切力，齿轮断裂后两对应的断口发生相互摩擦。金相检查，在退刀槽靠近花键的圆弧过渡处有二次应力裂纹，见图9-7-4，断面无氧化脱碳现象，有挤压变形层，见图9-7-5，渗碳层和心部金相组织正常。轮齿端面硬度合格。

图9-7-1 零件宏观形貌　　　　　　　　图9-7-2 靠近花键方向断口形貌

图9-7-3 靠近齿轮方向断口形貌　　　　图9-7-4 圆弧过渡处的二次应力裂纹　70×

图9-7-5 靠近花键方向断面变形层形貌　30×

综合分析：由于传动箱上的内齿轮与泵体研死，导致该齿轮在操作输出时受阻，巨大高速的输入旋转力使其在有效截面积较小的退刀槽部位相对应力集中的圆弧过渡处瞬间剪断；断裂后断口部位仍在受旋转剪切力，致使该部位相互挤压发生组织变形现象。

失效原因：韧性扭转过载断裂。

改进措施：杜绝设备在无润滑条件下运行。

例9-8 错位导致主动锥齿轮弯曲疲劳断裂和从动锥齿轮齿面接触疲劳破坏

零件名称：主动锥齿轮和从动锥齿轮

零件材料：低碳铬镍合金钢

失效背景：某重载车辆在行驶过程中发现车辆后桥侧传动箱的螺栓松动，其中传动箱中一对锥齿轮崩齿、磨损失效，其他零部件均无明显损坏痕迹。齿轮主要工艺流程为锻造、渗碳及热处理、机械加工、装配。

失效部位：齿部。

失效特征：失效的主动锥齿轮和从动锥齿轮宏观形貌见图9-8-1～图9-8-3。两个锥齿轮轮齿整个节圆部位均有正常啮合磨损痕迹，轮齿均存在局部崩齿、磨损现象。主动锥齿轮每个轮齿在靠近大端2/3长的齿顶存在崩齿现象，并且断面已完全磨损损坏。从动锥齿轮每个轮齿在靠近小端3/4长的齿顶存在崩齿现象，并且断面已完全磨损损坏。根据金相观察，两个齿轮表面渗层及心部组织正常，轮齿磨损部位均有组织转变及组织变形现象，见图9-8-4和图9-8-5。

图9-8-1 主、从动锥齿轮宏观形貌

图9-8-2 主动锥齿轮轮齿损坏

综合分析：主、从动锥齿轮轮齿整个节圆部位均有正常啮合磨损痕迹，可见齿轮在使用初期啮合正常，但由于在使用后期，主动锥齿轮和从动锥齿轮的啮合发生错位，非正常啮合的齿轮继续转动，导致两齿轮每个轮齿啮合部位崩齿、磨损失效。

失效原因：错位导致的主动锥齿轮弯曲疲劳断裂和从动锥齿轮齿面接触疲劳破坏。

改进措施：使用过程中加强检修。

图 9-8-3　从动锥齿轮轮齿损坏

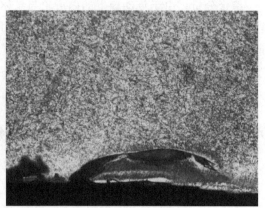

图 9-8-4　主动锥齿轮浸蚀后　280×

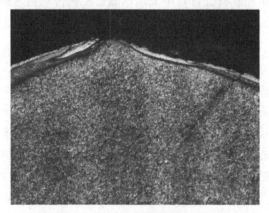

图 9-8-5　从动锥齿轮浸蚀后　280×

例 9-9　汽车轴齿的轮齿断裂

零件名称：汽车轴齿

零件材料：20CrMnTi

失效背景：某型汽车轴齿所用的材料为 20CrMnTi 合金结构钢棒材，20CrMnTi 合金结构钢原材料的熔炼方式为电弧炉熔炼，原材料的供应状态为退火状态。汽车轴齿的加工工序为：坯料→锻造→正火→粗加工→渗碳→淬火→低温回火。轴齿在运行过程中，其轮齿发生折断、剥落现象。

失效部位：承力齿面。

失效特征：齿断口处存在变形、剥落等特征，部分断齿的断口上可观察到放射状的条纹及贝纹线，呈现疲劳断裂的特征，裂缝与齿面垂直，呈正断破断，裂源位于次表面，如图 9-9-1 和图 9-9-2 所示。由齿承载面一侧沿法向截面向内依次为二次淬火区、二次回火区和正常渗层。表面白亮层为金属流变层，厚度深浅不一，属二次淬火区，硬度约为 850HV。白亮层下较深色区域为二次回火区，伴有开裂及金属滑移，硬度约为 570HV；承力齿面渗层组织见图 9-9-3～图 9-9-5；图 9-9-3 中可见数条裂纹呈一角度从表面向内扩展，另有一条裂纹位于次表层，与表层未贯通。非承力齿面的渗层组织为：隐针状马氏体、残留奥氏体、少量的碳化物，按 QC/T 262—1999《汽车渗碳齿轮金相检验》评定，马氏体和残留奥氏体级别均为 1 级，碳化物级别为 1 级，见图 9-9-6。

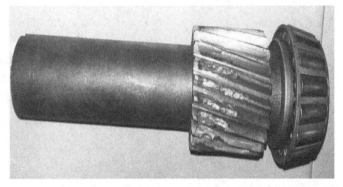

图 9-9-1　失效轴齿实物宏观形貌

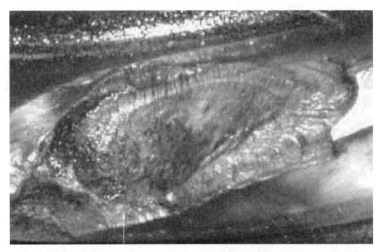

图 9-9-2　断口的形貌（箭头所指为源区）　5×

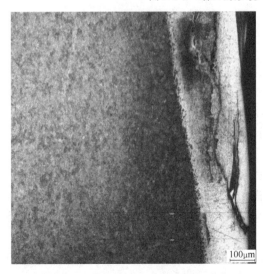

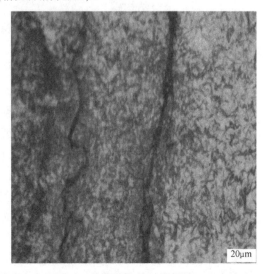

图 9-9-3　裂纹附近由表向内组织形貌　　图 9-9-4　图 9-9-3 局部放大的组织形貌（二次淬火区）

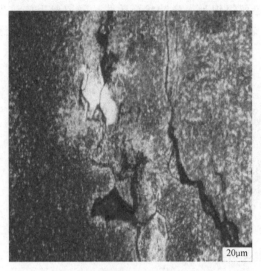

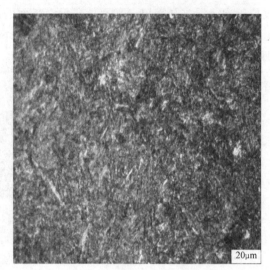

图 9-9-5　图 9-9-3局部放大的组织形貌（回火区）　　　图 9-9-6　非承载面一侧的渗层组织

综合分析：由于齿轮润滑条件差，传递载荷大，齿面接触应力已超过材料的抗剪切屈服极限，导致齿面材料进入塑性状态，造成表面金属流动；此种过量变形导致的温度升高，引发了材料的二次淬火，产生了白亮层，温升越高，白亮层及其下方回火区越厚。白亮层内应力大、硬度高、脆性大、易剥落，加速了齿表产生疲劳失效，即白亮层与渗层之间的拉应力导致裂源产生进而剥落。

失效原因：润滑条件差导致轮齿产生接触疲劳断裂。

改进措施：改善齿轮的润滑条件。

例 9-10　行星轮表面损伤崩块失效

零件名称：行星轮

零件材料：合金结构钢

失效背景：某行星轮在运行过程中发生轮齿的崩块见图 9-10-1。

失效部位：两崩块均位于轮齿节圆下，呈斜向扩展见图 9-10-2。

失效特征：崩齿 1 崩块长 26mm，在该齿后连续 2 个轮齿齿顶均被碰伤，崩齿 2 前后轮齿齿顶未见明显的碰伤。

综合分析：行星轮化学成分、渗碳层显微组织、渗碳层硬度均符合相关技术条件要求。崩齿 1 断裂起源呈线性状，其撕裂棱线由齿面边缘向内快

图 9-10-1　崩块的轮齿外观

速扩展，在断裂处右侧 3mm 处有一明显的划痕与断面呈平行分布，见图 9-10-3。崩齿 2 断裂起源于齿面一碰伤凹坑，在齿面平面上的断口边缘凹坑呈长条形，在凹坑尾部有细小裂纹延伸，在断口边缘有类似划痕的存在，见图 9-10-4，崩齿 2 的凹坑应是在崩齿 1 断开后一小

碎块压陷所致。行星轮的崩块是由于崩块1齿的齿面上存在两道倾斜齿面的划痕成为应力集中处，在工作应力的作用下导致沿划痕呈线性状的破断。

 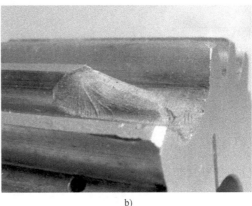

a)   b)

图 9-10-2 崩块形貌

a）崩块1断面的外观形貌 b）崩块2断面的外观形貌

 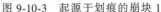 

图 9-10-3 起源于划痕的崩块1   图 9-10-4 起源于表面压陷的崩块2

失效原因：表面损伤引起的应力集中导致行星轮断裂。

改进措施：控制产品的生产过程，避免表面损伤的存在。

例9-11 中间轴异常受力疲劳断裂

零件名称：中间轴

零件材料：合金结构钢

失效背景：某车辆在运行过程中发生运转异常情况，拆卸检修时发现轴承损坏及中间轴发生断裂。

失效部位：断裂位于长花键齿轮第一个 $\phi5mm$ 油孔处，见图9-11-1。

失效特征：断裂面基本垂直于轴向。宏观断口可见明显的疲劳弧线从油孔断面向两侧轮辋扩展。疲劳弧线区约占整个断面近1/2的面积，其余则为瞬时断裂区，而瞬断区的撕裂痕则呈扭转扩展形态，见图9-11-2。在断口的形貌中可见其疲劳弧线明显且粗糙线距较宽，这

a)   b)

图 9-11-1　断裂中间轴外观

表明疲劳裂纹扩展速率较快，所承受的应力也较大，具有单向弯曲高应力低周期断裂的特征。

　　综合分析：中间轴的化学成分、硬度、显微组织、非金属夹杂物等级均符合技术条件要求。对断裂起源处进行观察，疲劳裂纹起始于 $\phi 5mm$ 的油孔内壁，起始裂纹点距孔口约 2mm 处呈连线状，在此处可见明显的撕裂痕的台阶，见图 9-11-3。对断裂起源处进行观察，撕裂棱线起源于油孔内壁并朝两方向扩展。这与疲劳瞬断区撕裂棱线呈扭转扩展形态不同。

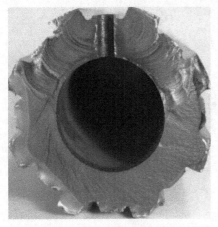
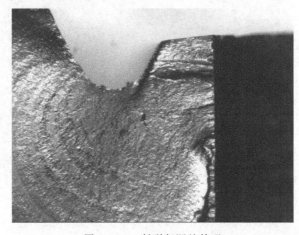

图 9-11-2　宏观断口外观   图 9-11-3　断裂起源处外观

　　失效原因：中间轴是在承受异常外力的作用下，在油孔开口处形成应力集中并导致裂纹的产生，在扭转应力的作用下疲劳扩展直至断裂。

　　改进措施：改变油孔开口处的加工形式，并控制油孔的加工质量。

例 9-12　浓缩氯离子导致不锈钢反应桶腐蚀渗漏

　　零件名称：反应桶

　　零件材料：304 不锈钢

　　失效背景：盛装有硼酸、氢氧化钠、硝酸钠、磷酸钠等混合溶液的 304 不锈钢反应桶（容积为 200L，壁厚为 1.2mm），在一次连续加热进行反应后（160℃、200h→侧壁 150℃，底部100℃、40h→侧壁120℃，底部100℃、170h），发现反应桶外壁在靠近加热炉炉壁两结合面方位出现渗漏现象。经检查发现该处有腐蚀孔洞存在，见图9-12-1。盛装的混合溶液依配比判断为酸性，加热后溶液已凝结成固态物。

失效部位：反应桶壁。

失效特征：渗漏处存在大量腐蚀孔洞及坑点。孔洞及坑点附近附着有较多腐蚀产物。坑点内呈现冰糖块状形貌，同时存在一些腐蚀产物。未形成坑点的区域也存在腐蚀现象，可以看到清晰的晶粒。将这些腐蚀产

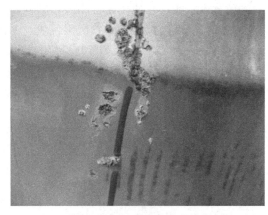

图 9-12-1　反应桶外壁的孔洞

物进行能谱分析，发现其含有O、Fe、Cl、Si、Cr、Ca、Na等元素，见图9-12-2。

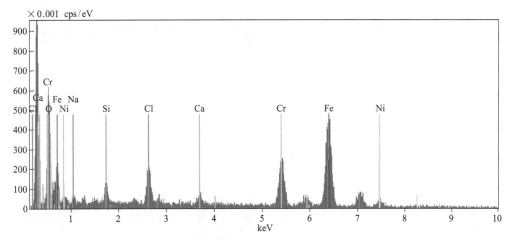

图 9-12-2　腐蚀产物能谱

综合分析：经了解配置溶液采用了管网自来水，自来水中活化的Cl^-、F^-等卤族离子极易破坏不锈钢的钝化膜，形成点蚀和晶间腐蚀。其中Cl元素为304不锈钢点蚀及晶间腐蚀的敏感元素。标准规定不锈钢酸洗钝化后的残水中Cl^-要严格控制，含量不得超过25mg/L。而本案例中由于在反应加热过程中水分的蒸发，Cl^-、F^-等卤族离子的含量呈现上升趋势，直至水分蒸干，失去活性。由于加热炉壁结合处加热温度较低，水分较其他区域蒸干较慢，与活化的Cl^-、F^-接触时间较长，因此在加热炉壁结合处会优先产生腐蚀穿孔。

失效原因：敏感元素引起不锈钢腐蚀。

改进措施：采用去离子水配制反应溶液，避免引入敏感离子。

例 9-13　铰链铸造热裂纹的过载外应力断裂

零件名称：铰链

零件材料：碳素结构钢

失效背景：铰链在使用过程中发生断裂。

失效部位：断裂部位位于铰链限位块与本体的连接部位，见图9-13-1。

失效特征：断裂件断口为明显的应力撕裂形貌，断裂起源于图9-13-1中右上角受力部位，经应力撕裂后在对角线形成圆形的最终瞬断区，见图9-13-2。限位块残高约7mm，在限位块相对面处存在（18×5）mm的椭圆形外部撞击损伤，见图9-13-3。

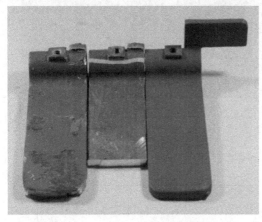

图9-13-1 断裂的铰链与正常件对比

图9-13-2 断裂见断口形貌

综合分析：铰链的化学成分、硬度、显微组织均符合相关技术条件要求。对断裂件断裂起始部位作显微组织分析，该部位存在首位不相连的微裂纹，裂纹长约1.49mm，具有铸造热裂纹的特征，在微裂纹部位存在约0.29mm的脱碳层，见图9-13-4。也表明该裂纹产生于热处理前的铸造中，在热处理过程中发生微裂纹的表面脱碳。铰链的断裂是由于存在铸造裂纹，在工作应力及异常撞击外应力的作用下发生断裂。

图9-13-3 工件异常撞击痕

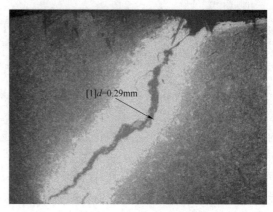

图9-13-4 微裂纹及脱碳层

失效原因：铰链的断裂是由于存在铸造裂纹，在工作应力及异常过载撞击外应力的作用下发生断裂。

改进措施：严格控制转运过程，防止损伤产品。

第10章　其他因素引起的失效17例

例 10-1　端联器螺栓脆性断裂失效

零件名称：端联器螺栓

零件材料：中碳铬钼钢

失效背景：在 20 余台重载履带车辆共 6000 多个端联器螺栓中有 3 个螺栓断裂，失效率为 0.044%。失效螺栓均是在使用初期断裂，见图 10-1-1，螺栓断面形貌见图 10-1-2。图 10-1-1 的失效螺栓是一条新履带装车行驶 1km 后停车维护时，出现突然断裂。螺栓头部一段从端联器中间的光孔中掉落，有螺纹的另一段残留在端联器上的螺纹孔中。螺栓的服役条件在静止时受预紧静拉力，运动时受预紧静拉力加交变切向力。

图 10-1-1　断裂螺栓

图 10-1-2　断裂螺栓的正面断口形貌

失效部位：螺栓断裂部位位于垂直于轴向的螺纹中部。

失效特征：从图 10-1-2 螺栓断裂面看出，断口呈起伏状，无塑性变形，个别区域有面积大小不等的小平面，整个断面上无冶金缺陷。断裂源只有一个，起始于断面外侧的螺纹根部应力集中处，断裂源宽约 1mm，在半径 2mm 内的区域内较平坦，断裂源两侧 10mm 外的其余断面外圆处有 1mm 左右的拉边，断面主要由沿晶、冰糖状、大量的晶间微裂纹组成，整个断裂面上各个小平面之间没有显著的分界线，也没有疲劳断裂中的贝纹线，呈现出典型的无塑性脆性断裂形态。

综合分析：理化检测的化学成分、非金属夹杂物、晶粒度及热处理质量的结果表明，原材料、螺栓制造质量均满足技术要求。螺栓的基体金相组织见图 10-1-3，微观扫描断口形貌见图10-1-4。查找生产作业，发现当初螺栓拧紧装配时，实际拧紧力矩远大于设计规定的力矩。为对比分析，取9枚螺栓实物（8枚已使用无问题的螺栓，1枚未使用螺栓），进行强断拉伸试验。螺栓拉伸试验断口的断裂源也同样位于一侧螺纹根部应力集中处，属于线断裂源，断口形貌平齐，见图10-1-5。断口微观形貌见图10-1-6。两种断口形貌对比见表10-1-1。

图10-1-3　断裂螺栓的金相组织　200×

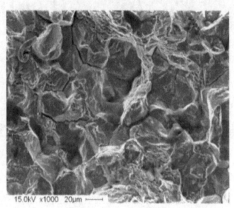

图10-1-4　断裂螺栓的扫描断口形貌

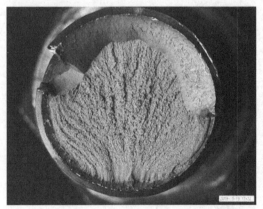

图10-1-5　合格螺栓断口形貌（一）

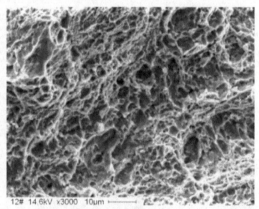

图10-1-6　合格螺栓断口形貌（二）

表10-1-1　两种断口形貌对比

断口	失效件断口	无问题实物断口
断口典型形貌	断裂源附近的断面主要为沿晶断裂，呈冰糖状，无明显塑性变形，还有少量韧窝。各晶粒之间分布有许多二次裂纹，属脆性断裂	断口的断裂源区及扩展区均由穿晶断裂的浅韧窝组成，无二次晶间裂纹，是高强度材料正常韧性断裂的断口形貌
相同点	正断，一次性断裂，只有一个断裂源	正断，一次性断裂，只有一个断裂源
不同点	晶界有腐蚀，沿晶断裂、少量韧窝，在断口上有二次裂纹，属于应力腐蚀脆性断裂	无晶界腐蚀，穿晶断裂、浅韧窝组成，无二次晶间裂纹，属于韧性断裂
	断裂源：点断裂源（1mm），起裂临界应力小，剪切拉边小，拉边只占断口总面积的8%，韧性低	断裂源：线断裂源（7~11mm），起裂临界应力大。剪切拉边大，拉边占到断口总面积的25%~40%，韧性高

从表10-1-1中可看出：失效件断口显示螺栓在腐蚀环境下产生了应力腐蚀，降低螺栓的综合性能。

失效原因：装配拧紧力矩大于设计力矩的端联器螺栓在腐蚀环境下产生应力腐蚀后导致

螺栓脆性断裂失效。

改进措施：

1）加强装配规范，确保履带连接螺栓预紧力在装配规范要求范围内（为增加可靠性，螺栓拧紧力矩上限值比原设计减少了20%，安全系数由原来的1.2倍提升到1.6倍）。

2）调整热处理工艺，螺栓强度由14.9级降低到13.9级，在强度指标得到保证的前提下，增加了螺栓的韧性，降低履带连接螺栓产生应力腐蚀的敏感性。

3）在履带连接螺栓表面增加了保护层，降低环境对螺栓断裂的应力腐蚀影响程度。

例10-2 加工方向错误、组织偏析导致减振器座淬火开裂

零件名称： 减振器座

零件材料： 45钢

失效背景： 某车辆零部件减振器座在行驶过程中断裂。相关制造工艺为下料、粗车、调质和机械加工等。

失效部位： 径向最小截面。

失效特征： 断裂减振器座宏观及断口形貌见图10-2-1和图10-2-2。断裂发生在零件退刀槽的径向最小截面处，断口大部分面积有氧化锈蚀痕迹，断裂起始处断口较平齐，终断区断口凸凹不平，凸起部位断口已摩擦损伤，呈亮白色。垂直于断面制备金相试样，见图10-2-3，基体中存在带状组织偏析，偏析带平行于断面，垂直于零件轴向，箭头1所指偏析带处组织为回火索氏体，伴随非金属夹杂物存在，见图10-2-4，箭头2所指偏析带处组织为珠光体+屈氏体+铁素体+魏氏组织，见图10-2-5，靠近零件底座的组织为回火索氏体，底座至箭头2区域组织以回火索氏体为主并且屈氏体、珠光体、铁素体及贝氏体逐渐增多，箭头2至断面区域组织以屈氏体+珠光体+铁素体+魏氏组织为主，断面沿贯穿零件径向最薄截面的回火索氏体偏析带开裂，有氧化无脱碳现象，见图10-2-6和图10-2-7。

图10-2-1 零件宏观形貌及断裂位置

图10-2-2 断口宏观形貌

综合分析： 由加工工艺得知，减振器座的轴向应为钢材的轧制方向，而实际零件的非金属夹杂物及带状组织偏析的方向均垂直该零件的轴向，表明其轧制方向垂直于零件轴向。由于材料的横向与纵向力学性能有明显区别，零件加工方向错误时，极易导致零件沿材料轧制

方向发生纵向开裂。另外该零件断裂位置在径向最薄截面，并且该位置存在贯穿整个截面的回火索氏体偏析带，致使淬火冷却过程中的组织应力较其他部位要大，容易产生淬火裂纹。

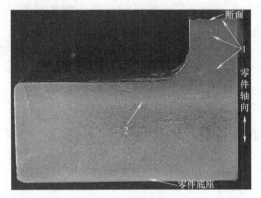

图 10-2-3　腐蚀后金相试样

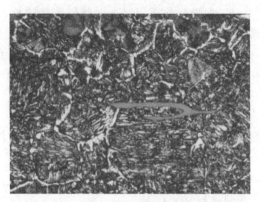

图 10-2-4　图 10-2-3 中箭头 1 处组织　500×

图 10-2-5　图 10-2-3 中箭头 2 处组织　500×

图 10-2-6　断面微观形貌　500×

图 10-2-7　断面氧化现象

失效原因：加工方向错误、组织偏析导致淬火开裂。

改进措施：保证原材料轧制方向与加工零件轴向一致。

例 10-3　表面损伤导致曲轴疲劳断裂

零件名称：曲轴

零件材料：中碳合金钢

失效背景：汽车发动机曲轴主要工艺流程为原材料、毛坯锻造、热处理、表面渗氮、抛光、装配。在使用过程中发生断裂。

失效部位：4拐7柄R角处。

失效特征：断裂曲轴宏观及断口形貌见图10-3-1和图10-3-2。断裂位置位于4拐7柄R角处，断面较平齐，基本垂直于轴向，有明显的疲劳源区、疲劳裂纹扩展区和终断区，疲劳源为点疲劳源，位于零件R角外表面，该处比较光亮，有明显挤压变形痕迹，疲劳扩展区贝纹线清晰，为高周低应力疲劳断口。SEM分析断口微观形貌，疲劳源处氮化层已被挤压变平并开裂，有明显机械压合现象，见图10-3-3，疲劳源处断口面发现的氮化层含氮量与轴表面氮化层含氮量相当，远高于基体含氮量。经显微组织观察，基体组织为回火索氏体+贝氏体，存在带状偏析；零件经过渗氮处理，表面白色 ε 相薄厚不均匀，厚度为 0～0.04mm，显微硬度为 887.5HV0.05，扩散层有少量的脉状氮化物；疲劳源附近未发现明显冶金缺陷，疲劳源处组织已变形，白色氮化层圆滑过渡至断口面，厚度为0～0.028mm，见图10-3-4，该氮化层显微硬度为 838.5HV0.05，距疲劳源3mm处发现一条平行于断口面的小裂纹，深度为0.21mm，形貌见图10-3-5，开口于表面 ε 相较薄处，两侧无氧化脱碳，尾部沿晶尖细，属应力裂纹。

图 10-3-1　断裂曲轴宏观形貌及断裂位置

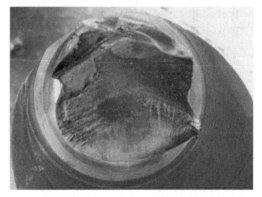

图 10-3-2　断口宏观形貌

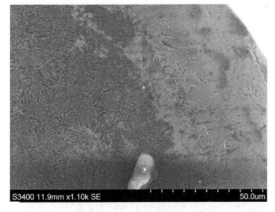

图 10-3-3　疲劳源处氮化层

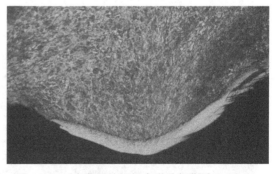

图 10-3-4　疲劳源处组织变形及氮化层　180×

综合分析：疲劳源产生于渗氮工序之后，由于该处氮化层被机械外力挤压变平、开裂、压合，成为机械损伤，应力集中，在所受应力超过曲轴表面的疲劳极限的状态下早期疲劳断裂。

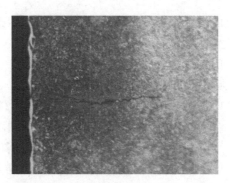

图 10-3-5　疲劳源附近应力裂纹　200×

失效原因：表面损伤导致疲劳断裂。

改进措施：加强成品轴的表面维护，避免机械磕碰挤压。

例10-4　大粉末冶金片总成高应力低周疲劳断裂

零件名称：大粉末冶金片总成

零件材料：中碳合金钢

失效背景：某重载车辆行驶约200km时，1、4档倒档无动力输出，拆车检查，发现行动系统行星变速机构上的大粉末冶金片总成断裂并卡在复合排齿圈与弹簧板之间。

失效部位：齿根。

失效特征：断裂的大粉末冶金片总成宏观形貌见图10-4-1，共有122个齿，在使用过程中从其中一个齿根处断裂张开，断口宏观形貌见图10-4-2，断面较平齐且无氧化现象，有明显的疲劳源、疲劳条纹及终断区，疲劳源位于零件齿根处，疲劳扩展区占整个断口的90%以上，其他齿根处也存在裂纹，裂纹从齿根向基体扩展，见图10-4-3，由于零件损坏后卡在复合排齿圈与弹簧板之间，造成零件两表面出现明显压痕。金相观察，疲劳源及其他齿根部位均有沿晶氧化现象，氧化层深度为0.04mm，见图10-4-4，靠近疲劳源的其他齿根也发现沿氧化网向基体延伸的细小裂纹，见图10-4-5，断面及其他齿根细小裂纹两侧均无脱碳现象，基体组织为铁素体+珠光体，见图10-4-6，组织存在带状偏析现象。

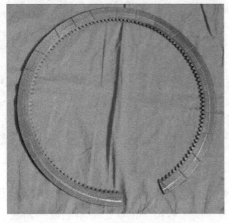

图 10-4-1　断裂件宏观形貌

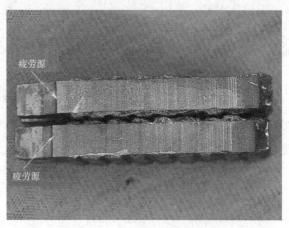

图 10-4-2　断口宏观形貌

图 10-4-3　其他齿根处裂纹形貌

图 10-4-4　疲劳源处沿晶氧化现象　200×

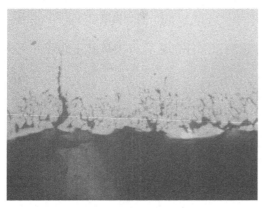

图 10-4-5　裂纹沿氧化网延伸　1000×

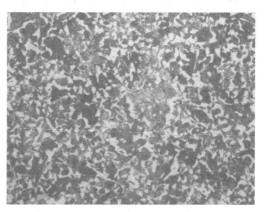

图 10-4-6　基体组织微观形貌　500×

综合分析：该零件齿根处属于应力集中部位，且此部位存在沿晶氧化缺陷，沿晶氧化缺陷的尖端加剧了零件此部位的应力集中程度。由于该零件基体组织为铁素体+珠光体，这种组织状态本身强度、硬度较低，而铁素体区容易萌生疲劳源，在随后的受力过程中发生疲劳扩展，当某个裂纹扩展使金属的有效连接区域不足以承担其所受应力，则发生断裂。

失效原因：高应力低周疲劳断裂。

改进措施：对大粉末冶金片总成进行热处理强化，以改善其综合力学性能；对受力较大的齿部尤其是齿根部位进行特殊强化处理，以提高其使用性能。

例 10-5　顶盖本体纵向裂纹

零件名称：顶盖

零件材料：40Cr

失效背景：顶盖本体经热成形→正火→机械加工后，发现其中一个工件的端面多处有纵向裂纹，见图 10-5-1。

失效部位：工件端面。

失效特征：裂纹口部开阔，末端圆

图 10-5-1　裂纹位置

钝，见图 10-5-2。将末端放大后可见，裂纹内及周围基体有氧化现象，见图 10-5-3；裂纹周围有明显的脱碳现象；试样基体组织为珠光体+铁素体。

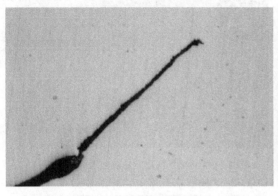

图 10-5-2 裂纹形态 100×

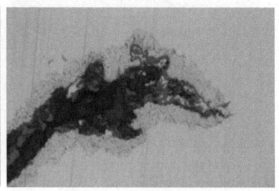

图 10-5-3 裂纹末端 500×

综合分析：工件存在严重的氧化脱碳现象，说明该工件在最后一次高温热处理（正火）前就已经存在缺陷。

失效原因：热处理前缺陷。

改进措施：加强原材料质量控制。

例 10-6　螺栓装配不当断裂

零件名称：螺栓

零件材料：合金结构钢

失效背景：型号为 M24×100 的螺栓，在使用过程中发生断裂。

失效部位：螺栓的断裂部位位于第 4 螺纹根部，见图 10-6-1。

失效特征：螺栓断口有明显的塑形变形，见图 10-6-2，为韧性断裂。

图 10-6-1 开裂产品外观

图 10-6-2 明显变形的断裂螺栓

综合分析：螺栓的化学成分、硬度、显微组织均符合技术条件要求。断裂起源于第 4 螺纹根部延伸到第 9 螺纹根部，见图 10-6-3，在断面上有较明显的塑性变形。在螺纹杆部与六方螺纹头连接处有较明显的压痕，并且压痕不均匀，见图 10-6-4，表明装配时受到单边应力。

图 10-6-3　起源螺纹根部的断面

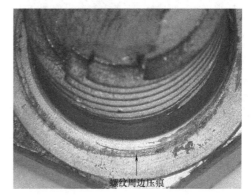

图 10-6-4　六方头的压痕

失效原因：过载外应力和单边应力导致螺栓塑性变形断裂。

改进措施：控制装配过程，避免造成螺栓的单向应力。

例 10-7　内圆装配不同心导致从动带轮轴疲劳开裂

零件名称：从动带轮轴

零件材料：合金结构钢

失效背景：某型号车辆从动带轮轴装车后经约 46496km 的运行。

失效部位：开裂部位位于螺纹端第 6 个螺纹根部，见图 10-7-1。

失效特征：整个断面为疲劳断裂，见图 10-7-2。在宏观断面上断裂起源于螺纹根部并多源线性开裂，边缘撕裂棱明显，在撕裂棱线下是细密的疲劳区，但是壁厚的中间位有一凸起状的疲劳弧带，顶宽约 2mm。扩展致内孔长约 3mm，见图 10-7-3。在此弧带靠后的断面可见明显的贯穿壁厚的两侧呈对称的疲劳带，最后在凸起部位完全断裂。在疲劳断裂的后期断面上间距较宽的疲劳线与螺纹根部的撕裂棱共存，见图 10-7-4。

图 10-7-1　断裂的从动带轮轴外观

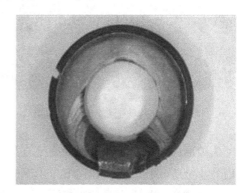

图 10-7-2　断面宏观形貌

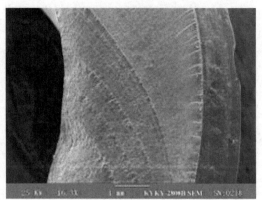

图 10-7-3　断裂起源点　　　　　　　　图 10-7-4　疲劳弧线与撕裂棱线共存的断面

综合分析：断裂的从动带轮轴化学成分、渗碳层深度、渗碳层硬度均符合技术条件要求。在 M20 螺纹下端 φ22 轴肩的外表面上存在周向的宽 12mm 的摩擦痕，见图 10-7-5，对摩擦部位解剖可见，该部位的摩擦程度剧烈，造成表面出现约 0.04mm 的凹凸不平。通过与客户的了解，该产品在正常状态下该部位不会与其相配产品产生摩擦，应与装配内圆存在不同心所致，从而导致轴部偏转形成单向的应力集中。通过对该断裂产品本身的尺寸检测，该产品本身尺寸符合技术条件要求，该摩擦应与装配不当有关。纵向剖开断面，螺纹齿截面已完全渗碳，齿根至心部的渗碳层经金相测量为 1.1mm，在渗碳层的过渡层处存在少量的白色条带组织。在螺纹齿的截面同样存在少数的白色条带组织，此白色条带组织是异常形态，可能与钢中存在组织偏析有关。M18 螺纹部位的心部组织为均匀的回火索氏体，未见明显的组织异常，见图 10-7-6。

图 10-7-5　从动带轮轴的剧烈摩擦痕　　　图 10-7-6　显微组织及白色条带异常组织

失效原因：从动带轮轴的断裂是与其相配装的零件存在内圆不同心有关，以致螺纹根部表面产生疲劳，在大应力作用下产生周向的撕裂棱线形成宏观裂纹。

改进措施：加强产品的装配控制。

例 10-8 原始裂纹导致加强板断裂

零件名称: 加强板

零件材料: 45 钢

失效背景: 装配在铁路道岔上的加强板在使役较短时间后发生断裂。加强板为钢板直接铣削加工成形。断裂位置见图 10-8-1(箭头所指)。

失效部位: 薄板区靠近其中一处凸台位置。

失效特征: 断口与工件长度方向

图 10-8-1 加强板宏观形貌

呈约 45°角,见图 10-8-2(箭头所指)。断面较粗糙,呈木纹状断口,纤维方向始于工件的非凸台平面,该处为裂纹源,色发黑,呈波纹状;其他区域沿工件宽度方向呈木纤维状,见图 10-8-3。将断口清洗后置于扫描电子显微镜中观察,发现裂源处外表面有裂纹存在。裂源处存在多处冰糖块状及薄片状形貌,冰糖块及薄片表面光滑,个别有小坑洞,属于氧化特征,见图 10-8-4。扩展及最后断裂区域为韧窝状形貌。基体组织为珠光体+铁素体,组织较粗大,局部存在魏氏组织,晶粒粗大,晶粒度为 4 级。断口平面上存在原始裂纹分支及大量氧化现象。裂纹两侧有严重的脱碳现象。

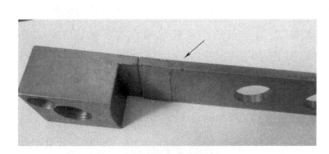

图 10-8-2 开裂位置

图 10-8-3 断口形貌

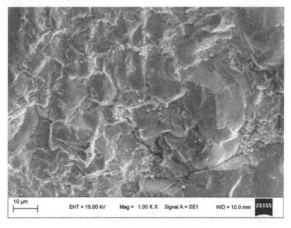

图 10-8-4 断口微观形貌

综合分析：工件开裂处存在原始裂纹为断裂的直接原因，工件粗大的晶粒增加了工件的脆性，导致工件在使役过程中由原始裂纹处发生脆性断裂。

失效原因：原始裂纹导致工件开裂。

改进措施：加强原材料质量控制。

例10-9 压药模的过载断裂

零件名称：压药模

零件材料：T10A

失效背景：T10A压药模用于某型弹药的药块压制成形；该弹药用药块压药模在压药时发生了炸裂，通常压药模在药块成形时出现断裂是极为危险的，会造成装药生产设备的损坏，甚至是现场人员的伤亡；通常压药模的尺寸磨损至图定要求的极限尺寸时才会判定其失效，极少在压药过程中出现压药模断裂的故障。压药模生产工艺流程：加热→锻造成形→正火、球化退火→粗加工→淬火、低温回火→表面淬火。

图10-9-1 断口的宏观形貌

失效部位：压药模。

失效特征：压药模被炸成多个碎块，压药模断面存在放射状撕裂棱线，棱线粗大，表面存在黄色残药，见图10-9-1。从断口附近取样进行金相检测，心部基体组织为回火马氏体+珠光体+均匀分布的小颗粒状碳化物，见图10-9-2。表面组织为细针状马氏体+少量残留奥氏体，见图10-9-3。

图10-9-2 心部的组织形貌

图10-9-3 表层的组织形貌

综合分析：压药模断口存在放射状撕裂棱线，说明裂纹在该区的扩展是不稳定的、快速的；断口"花样"粗大，剪切断裂的比例大，是在大过载条件下产生。放射状撕裂棱线的收敛方向是爆炸源，起始于压药模破块表面的中心位置。

失效原因：爆炸冲击载荷导致压药模的过载断裂。

改进措施：严格操作规程，杜绝设备在意外状况下运行。

例 10-10 主机架余料螺纹机械挤压磨损

零件名称：主机架余料

零件材料：低碳合金钢

失效背景：零件主机架余料在攻螺纹后发现螺纹损坏，造成零件失效报废。

失效部位：螺纹。

失效特征：失效零件宏观形貌见图 10-10-1 和图 10-10-2。从螺纹剖面可看出，上下螺纹牙牙型明显不一致，上面螺纹从表面越往里螺纹牙越高、越尖，下面的反而越往里螺纹牙越低、越秃，另外螺纹牙有掉落及表面磨损变形现象，距表面至掉落螺纹的螺纹牙右侧均有较严重的划伤磨损，左侧未见明显的磨损痕迹，并且螺纹牙从划伤磨损的边界处掉落，其余螺纹牙基本完整。经显微组织观察，基体组织为铁素体+珠光体，见图 10-10-3；带状偏析按照 GB/T 13299—1991 评为 B 系列 3 级，见图 10-10-4；晶粒度按照 GB/T 6394—2002 评为 8.0 级；靠近表面的螺纹牙的挤压变形较远离表面的严重，见图 10-10-5 和图 10-10-6。

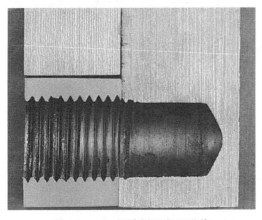

图 10-10-1 螺纹剖面宏观形貌

图 10-10-2 螺纹牙表面挤压磨损

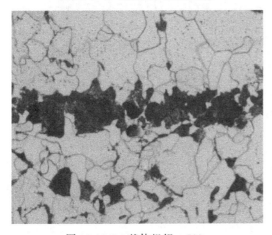

图 10-10-3 基体组织 500×

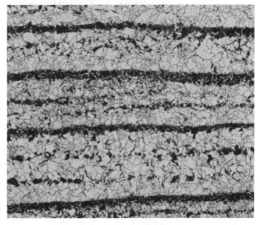

图 10-10-4 带状组织 100×

综合分析：上下螺纹牙牙型明显不一致，上面螺纹从表面越往里螺纹牙越高、越尖，下面的反而越低、越秃，说明在攻螺纹时丝锥与光孔轴线不一致，夹有一定角度，这使得丝锥在螺纹成形时易受到异常力而损坏螺纹牙。此外，由于带状组织的存在使得材料组织不均匀，形成各向异性，进一步降低了材料的综合性能。

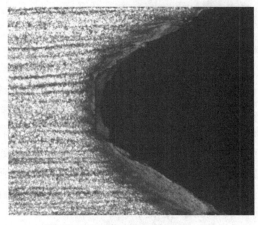 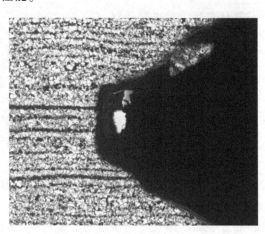

图 10-10-5　靠近表面螺纹牙　50×　　　　　图 10-10-6　远离表面螺纹牙　50×

失效原因：螺纹机械挤压磨损。

改进措施：加工螺纹时，调整丝锥与螺纹光孔的角度。

例 10-11　表面粗糙导致弯拉杆疲劳断裂

零件名称：弯拉杆

零件材料：Q235B

失效背景：弯拉杆上道服役约 5 年多后发生断裂，见图 10-11-1。弯拉杆由供货态钢棒直接折弯成形，之后进行镀锌防腐、安装使用。

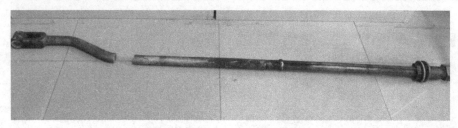

图 10-11-1　弯拉杆宏观形貌

失效部位：弯拉杆弯曲位置。

失效特征：断裂位于弯拉杆弯曲位置，表面较粗糙，断口较为齐整平坦。断裂源位于拉杆弯曲内弧外表面，裂源处工件表面较粗糙，可见原有镀锌层，断面可见明显的贝纹线和疲劳台阶，疲劳扩展区域占到整个断面较大面积，裂纹源及最后瞬断区较小，见图 10-11-2。基体组织为铁素体+珠光体，晶粒度为 8 级，见图 10-11-3。

综合分析：工件断裂处附近未发现材料缺陷，断面属于典型的疲劳断裂，断裂位于工件折弯内弧处，该处本身在折弯后存在拉应力，工作时该处也受交变拉伸载荷，外加该处外表面较粗糙，在使用过程中萌生裂纹，进而经过一定时期的疲劳扩展，最后完全开裂。

图 10-11-2　断口形貌

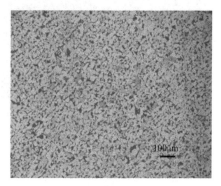

图 10-11-3　基体金相组织　100×

失效原因：表面粗糙导致弯拉杆应力集中处产生疲劳断裂。

改进措施：折弯后修磨折弯处，提高其表面质量。

例 10-12　磨削不当导致高强度弹簧脆性过载断裂

零件名称：减振弹簧

零件材料：60Si2CrVAT

失效背景：某车辆减振弹簧主要制造工艺为下料、卷簧、热处理、磨簧、喷砂和二次全压缩，所用材料为高强度弹簧钢。在二次全压缩过程中断裂。

失效部位：弹簧端部。

失效特征：断裂弹簧宏观形貌见图10-12-1，断裂产生于弹簧端部附近，位置见箭头所示。断口宏观形貌见图10-12-2，断面垂直于轴向，断口大部分断面为亮灰色，部分断面呈结晶状，磨削表面有氧化变色痕迹，有3个断裂源，见图中箭头1（弹簧内表面）、箭头2（磨削的上表面）、箭头3（零件下表面）所指，其中磨削上表面所对

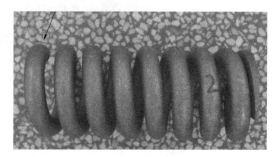

图 10-12-1　弹簧断裂位置

应的扩展区占整个断面约2/3面积，为主断裂区，断裂源形成后快速扩展直至断裂。在主断裂源区取金相试样观察分析，零件磨削表面有较均匀的白色淬火马氏体组织，见图10-12-3，零件基体组织为回火屈氏体。

综合分析：弹簧在磨削过程中由于进给量较大，形成局部高温，部分组织转变成淬火马氏体，造成硬度高、强度高、弹性差，与基体组织回火屈氏体形成较大的组织应力，增加了零件的受力断裂倾向，导致在二次全压缩时起裂并脆性过载断裂。

失效原因：磨削不当导致脆性过载断裂。

改进措施：严格控制磨削进刀量，再无同类裂纹产生。

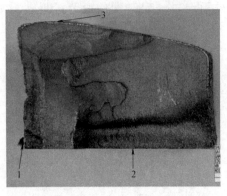

图 10-12-2　断口宏观形貌

图 10-12-3　磨削表面的淬火组织　100×

例 10-13　异物压附工件表面导致磷化层出现白斑

零件名称：磷化件

零件材料：D6AE

失效背景：工件经磷化处理后，发现个别工件表面有白斑存在。

失效部位：工件表面，见图 10-13-1。

图 10-13-1　经磷化处理后，个别工件表面的白斑

　　失效特征：对白斑处取样进行电子显微镜观察和能谱检测，图 10-13-2 是正常磷化表面的形貌特征；图 10-13-3 是白斑的表面形貌特征，有刮蹭痕迹。图 10-13-4 所示为正常磷化层能谱；图 10-13-5 所示为白斑区域能谱。

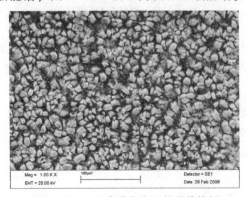

图 10-13-2　正常磷化表面的形貌特征

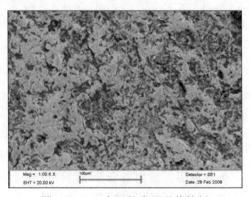

图 10-13-3　白斑的表面形貌特征

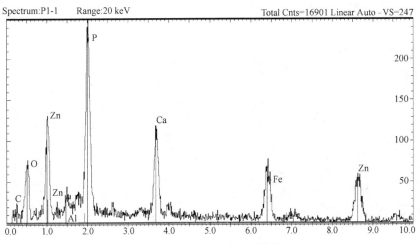

图 10-13-4　正常磷化层能谱

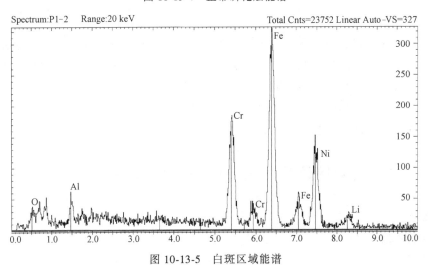

图 10-13-5　白斑区域能谱

综合分析：白斑区 Cr、Ni 含量远远超出工件所用材料 D6AE 中的 Cr、Ni 含量。表面的白斑是由于含有 Cr、Ni 高的金属通过外力的作用压附在工件表面而引起的。

失效原因：异物压附于工件表面形成色差。

改进措施：完善磷化工艺，避免工件表面磷化后接触其他有损表面质量的物质。

例 10-14　剪切销异常剪断

零件名称：剪切销

零件材料：2A12

失效背景：产品经运输后检查发现剪切销异常剪断。

失效部位：剪切销。

失效特征：断面呈剪切状，靠近剪切销细端的断面呈现为两个台阶状，剪切痕迹呈现为平行直线状，断体在销孔中的位置偏向闭锁销小端，见图10-14-1。靠近螺纹端的断面上剪切起始位置的剪切痕迹略呈弧形，后续部分为平行直线状，整个断面有一定的缩颈现象，见图10-14-2。

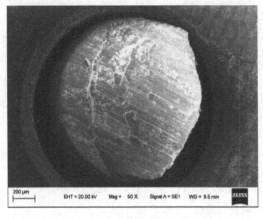
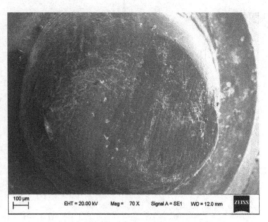

| 图 10-14-1　靠近剪切销尖端的断面 | 图 10-14-2　靠近剪切销螺纹端的断面 |

综合分析：靠近螺纹端的断面上的弧形剪切痕迹及缩颈现象是由于受到剪切力时，发生自由塑性变形而形成的。剪切痕迹的方向就是剪切运动方向，由此得出，剪切受力方向由闭锁销小端指向大端，平行于闭锁销轴线，与正常作用时方向一致。

失效原因：运输过程中过载振动力导致剪切销异常断裂。

改进措施：改良产品包装，增加必要的减振措施。

例 10-15　表面缺陷导致吊环拉伸脆性过载断裂

零件名称：吊环

零件材料：38CrSi

失效背景：生产车间使用的吊装零件吊环在吊运工件时突然发生断裂事故。吊环经下料折弯后焊接而成。

失效部位：表面受焊接飞溅热影响严重的部位。

失效特征：断裂吊环的外观形貌、断裂位置及断口形貌见图10-15-1～图10-15-3。吊环表面有多处焊点，吊环断为三截，三个断口宏观形貌相似，均为结晶状、平齐的脆性断口，断口1是由吊环外侧向内侧扩展，断口2和断口3是由吊环内侧向外侧扩展，从三处断口的扩展纹路及受力状态分析判断，吊环在断口1处首先开裂，断口2和断口3处随后开裂。经显微组织观察，断口1起始于吊环表面焊点处，断面沿晶扩展开裂，断裂源区及近源区局部外表面组织转变为马氏体组织，显微硬度为551HV0.05，并有多处小裂纹，见图10-15-4，吊环未断处表面和基体组织均为粒状珠光体，见图10-15-5和图10-15-6，显微硬度为176HV0.05。在吊环基体取样检测力学性能，基体硬度为170HBW，抗拉强度 R_m 为825MPa，屈服强度 $R_{p0.2}$ 为810MPa，断后伸长率 A 为11.5%，断面收缩率 Z 为38.5%，这些性能指标与材料退火状态对应。

综合分析：由于焊接时溅射的焊点附在吊环表面，瞬间高温使零件表面形成硬脆且韧性极低的白马氏体，并在该处产生许多微裂纹，成为裂纹源，当使用过程中受到拉力作用时，受力最大的断口1微裂纹首先扩展，其他位置随后，直至最终断裂。

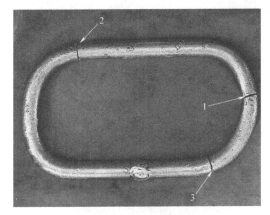

图 10-15-1 吊环断裂位置

图 10-15-2 吊环表面溅射的焊点

图 10-15-3 吊环断口 1 处形貌

图 10-15-4 近源区表面组织转变及裂纹 200×

图 10-15-5 吊环外表面 200×

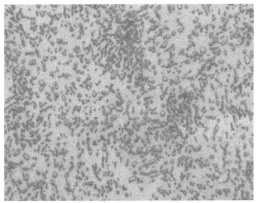

图 10-15-6 基体组织微观形貌 1000×

失效原因：表面缺陷引起拉伸脆性过载断裂。

改进措施：焊接时避免焊点溅射在吊环表面；建议零件增加调质处理工序以提高零件的

强度及综合性能。

例 10-16　传动轴加工刀痕导致疲劳断裂

零件名称：传动轴

零件材料：合金结构钢

失效背景：轴在使用过程中发生断裂。

失效部位：断裂部位位于齿轮轴与端部相接的过渡圆弧根部，见图 10-16-1。

失效特征：断口呈同心圆的疲劳弧线，起源于表面并向心部扩展，见图 10-16-2。

图 10-16-1　断裂部位位于过渡圆弧根部

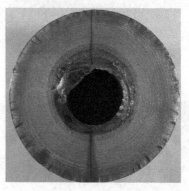

图 10-16-2　呈同心圆的疲劳弧线

综合分析：轴的化学成分、显微组织均符合技术条件要求。通过将断裂件进行拼接，可见断裂部位位于齿轮轴与端部相接的过渡圆弧根部，此处截面积发生明显变化，工件在此处的受力状况发生明显的改变。断裂起始于工件圆角过渡处的外圆部位，断口呈现多源性撕裂形貌，断面可见明显的呈同心圆状的疲劳弧线，见图 10-16-3 和图10-16-4。于表面外圆处发生多源性撕裂后，裂纹在纯扭转力的作用下，从表面向心部逐渐疲劳扩展，

图 10-16-3　起源于表面的疲劳裂纹

并在距中心孔边缘 5mm 处发生瞬间断裂，瞬间断裂区形成了约 45°的剪切唇。通过对裂纹源处观察发现工件加工刀痕较深，且裂纹完全沿着加工刀痕根部扩展，见图 10-16-5。

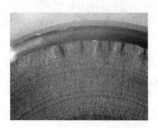

图 10-16-4　表面的撕裂棱

图 10-16-5　外表面的加工刀痕

失效原因：加工过程中较深加工刀痕造成应力集中，在工作应力作用下发生疲劳断裂。

改进措施：控制产品的生产过程，避免表面损伤的存在。

例 10-17 采煤机输出机构内齿圈断裂

零件名称：内齿圈

零件材料：42CrMo

失效背景：内齿圈经装配完成后，于井下工况试运行约 8h 沿齿根断裂为若干块，断裂件见图 10-17-1。

失效部位：内齿圈齿根根部。

失效特征：断口可见放射状花样特征，存在多个裂纹源，且均始于内齿圈齿根处，见图 10-17-2 箭头指向处；内齿圈个别齿根处发现机械加工刀痕，见图 10-17-3 箭头指向处。齿面和齿根部位存在网状及脉状氮化物，见图 10-17-4，依标准评为 4 级，不合格；氮化层脆性为 2 级。断口呈解理断口，见图 10-17-5。

图 10-17-1 断裂件宏观形貌

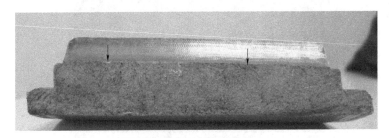

图 10-17-2 断面形貌

图 10-17-3 齿根处存在刀痕

综合分析：断口形貌呈解理状，属于脆性开裂，渗层脆性检测为 2 级，渗氮层存在的网状氮化物增加了表层的脆性，是工件提前失效的影响因素。机械加工痕迹产生的缺口大幅度增加了工件的应力集中系数是裂纹起源的主要原因。

失效原因：机械加工刀痕是裂纹起源的直接原因，网状氮化物加速了工件的失效进程。

改进措施：提高磨齿加工精度，减少应力集中系数及控制热处理渗氮层质量降低工件表面脆性。

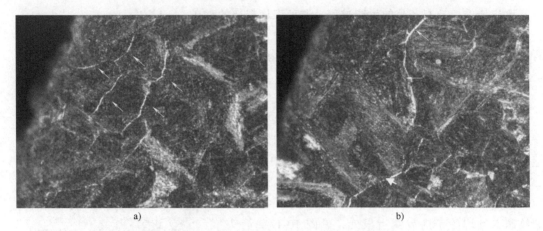

a)   b)

图 10-17-4　齿面氮化物（箭头所指）　500×

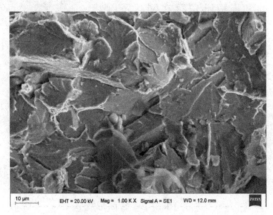

图 10-17-5　断口微观形貌

参 考 文 献

[1] 钟群鹏，赵子华. 断口学 [M]. 北京：高等教育出版社，2006.

[2] 钟培道. 断裂失效分析 [J]. 理化检验（物理分册），2005，41（10）：535-539.

[3] 张栋，钟培道，陶春虎，等. 失效分析 [M]. 北京：国防工业出版社，2013.

[4] 李玉海，刘素芬，赵洁，等. 履带车辆扭杆断裂失效分析 [J]. 金属热处理，2009，34（9）：99-101.

[5] 蔡红，郭毅，项红岩，等. 38CrSi 钢扭杆支架断裂失效分析 [J]. 金属热处理，2013，36（10）：93-95.

[6] 李永建，王巍，丁洪君，等. 弹簧销断裂分析 [J]. 兵器材料科学与工程，2014，37（增刊）：20-22.

[7] 庞瑞强，秦晓锋，甘锋，等. 304 不锈钢反应桶渗漏的原因 [J]. 机械工程材料，2017，41（增刊1）：378-380.

[8] 秦会常，马增亮，王飞，等. 某型 30CrMnSiNi2A 壳体失效分析 [J]. 兵器材料科学与工程，2014，37（增刊）：88-91.

[9] 姚春臣，李新国，徐劼，等. 低合金超高强度钢壳体破裂分析 [J]. 金属热处理，2011，36（增刊）：303-306.

[10] 段丽萍，刘卫军，钟培道，等. 机械装备缺陷、失效及事故的分析与预防 [M]. 北京：机械工业出版社，2015.

[11] 杨建军，等. 失效分析与案例 [M]. 北京：机械工业出版社，2018.

[12] 王广生，等. 金属热处理缺陷分析及案例 [M]. 2 版. 北京：机械工业出版社，2016.

[13] 李玉海，刘顺发. 磷、钨对 18Cr2Ni4WA 曲轴钢冲击韧性的影响 [J]. 兵器材料科学与工程，2006，29（4）：37-40.

[14] 庞瑞强，甘锋，付君君，等. 铁路转辙机表示接头板断裂失效分析 [J]. 中国检验检测，2017，25（3）：21-22.

[15] 蔡红，刘国强，王绍中，等. 淬火温度对 60Si2CrVAT 弹簧钢组织与性能的影响 [J]. 金属热处理，2017，42（2）：185-187.

[16] 秦会常，杨守杰，彭颐，等. 某型火炮击针失效分析 [J]. 精密成型工程，2014，6（2）：45-50.

[17] 姚春臣，佐齐生，易绯雄，等. 2A12 铝合金托盘开裂失效分析 [J]. 精密成形工程，2013，5（4）：57-59.

[18] 刘克，杨兵，余杰，等. ZGMn13TiRE 钢履带板热处理工艺改进 [J]. 金属热处理，2014，39（444）：116-118.

[19] 李玉海，刘卫军，倪培君. 兵器行业失效分析现状与展望 [J]. 兵器材料科学与工程，2014，37（增刊）：1-3.

[20] QIN Xiaofeng, ZHAO Xinguo, PANG Ruiqiang. Failure Analysis of Connecting Plate Between Indication Rod and Switch Rail in a Turnout System [J]. Journal of Failure Analysis & Prevention, 2018 (1)：1-5.

[21] 项红岩，蔡红，马京山，等. 圆柱压缩螺旋弹簧失效分析及工艺改进 [J]. 兵器材料科学与工程，2014，37（增刊）：4-6.

[22] 庞瑞强，等. 拉簧断裂原因分析 [J]. 理化检验（物理分册），2013，49（增刊2）：150-153.

[23] 李玉海，卜开元. 铸钢摇枕蚯蚓状裂纹的分析与控制 [J]. 兵器材料科学与工程，1991（6）：21-25.

[24] 张存信，陈玉如. 金属材料断裂的分析方法 [J]. 理化检验（物理分册），2008，44（11）：622-625.

[25] 阎承沛，等. 典型零件热处理缺陷分析及对策 480 例 [M]. 北京：机械工业出版社，2008.

[26] 丁惠麟，金荣芳. 机械零件缺陷、失效分析案例与实例 [M]. 北京：化学工业出版社，2013.

[27] 涂铭旌，鄢文彬. 机械零件失效分析与预防 [M]. 北京：高等教育出版社，1993.

[28] 姜锡山，赵晗. 钢铁显微断口速查手册 [M]. 北京：机械工业出版社，2010.

[29] 李炯辉，林德成. 金属材料金相图谱：上、下册 [M]. 北京：机械工业出版社，2012.

[30] 胡世炎. 机械失效分析手册 [M]. 成都：四川科学技术出版社，1998.

[31] 桂立丰. 机械工程材料测试手册 [M]. 沈阳：辽宁科学技术出版社，1999.

[32] QIN Xiaofeng, PANG Ruiqiang, ZHAO Xinguo, et al. Fracture failure analysis of nternal teeth of ring gear used in reducer of coal mining machine [J]. Engineering Failure Analysis, 2018, 84：70-76.

[33] 孙智，任耀剑，隋艳伟. 失效分析：基础与应用 [M]. 2 版. 北京：机械工业出版社，2019.

[34] 程云章，葛红花，等. SUS304 不锈钢在浓缩自来水中的点蚀敏感性 [J]. 腐蚀与防护，2009 (7)：37-39.

[35] 崔约贤，王长利. 金属断口分析 [M]. 哈尔滨：哈尔滨工业大学出版社，1998.

[36] 刘宗昌. 钢件的淬火开裂及防止方法 [M]. 北京：冶金工业出版社，2008.

[37] 高永宏，庞瑞强，等. 材料颗粒度对粉末药型罩特性的影响 [J]. 高压物理学报，2014 (4)：455-460.

[38] 段能全，庞瑞强，等. 3003 铝合金 X 射线法表面残余应力的检测 [J]. 中国表面工程，2012, 25 (6)：79-84.

[39] 庞瑞强，王旭，等. B 级、B+级铸钢金相组织出现异常原因剖析 [J]. 机车车辆工艺，2013 (2)：7-8.

[40] 廖景娱. 金属构件失效分析 [M]. 北京：化学工业出版社，2003.

[41] 杨川，高国庆，崔国栋. 金属零部件失效分析基础 [M]. 北京：国防工业出版社，2014.

[42] 蔡红. 电弧炉中心盖崩塌失效分析 [J]. 失效分析与预防，2007, 1 (1)：46-48.

[43] 刘瑞堂. 机械零件失效分析与案例 [M]. 哈尔滨：哈尔滨工业大学出版社，2014.

[44] 吕炎. 锻件缺陷分析与对策 [M]. 北京：机械工业出版社，1999.

[45] 中国腐蚀与防护学会《金属防腐蚀手册》编写组. 金属防腐蚀手册 [M]. 上海：上海科学技术出版社，1989.

[46] 李亚江，王娟. 焊接缺陷分析与对策 [M]. 北京：化学工业出版社，2013.

[47] 王国凡. 材料成形与失效 [M]. 北京：化学工业出版社，2002.

[48] 蔡红，胡改萍. LY12 硬铝合金的热处理工艺与组织和性能 [J]. 热处理，2009, 24 (5)：62-64.

[49] 刘新灵，等. 航空发动机关键材料断口图谱 [M]. 北京：国防工业出版社，2009.

[50] 蔡红，项红岩. 传动齿轮磨削裂纹原因分析 [J]. 化学分析计量，2011, 20 (增刊)：70-72.

[51] 蔡红. 扭力轴断裂失效分析及改进措施 [J]. 国防技术基础，2007, 11：148-150.

[52] BROOKS C R, CHOUDHURY A. 工程材料的失效分析 [M]. 谢裴娟，孙家骧，译. 北京：机械工业出版社，2003.

[53] 陈国帧，等. 铸件缺陷和对策手册 [M]. 北京：机械工业出版社，1995.

[54] 蔡红. 黄铜制动器管应力腐蚀开裂分析 [J]. 国防技术基础，2010, 4 (增刊)：59-61.

[55] 闫清东，张连弟，赵毓芹. 坦克构造与设计：上册 [M]. 北京：北京理工大学出版社，2006.

[56] DEREK H. 断口形貌学 [M]. 李晓刚，董超芳，杜翠薇，等译. 北京：科学出版社，2009.

[57] 秦会常，杨守杰，王传政，等. 某型弹用尾翼片裂纹分析 [J]. 精密成形工程，2014, 6 (6)：140-144.

[58] 秦会常，贾波，王传政，等. 某药模底座失效分析 [J]. 精密成形工程，2013, 5 (1)：54-57.

[59] 秦会常，贾波，安柯，等. 变形铝合金表面处理后浅色条纹产生的原因分析 [J]. 精密成形工程，2013, 5 (3)：79-85.

[60] 秦会常，王传政，张志勇，等. 某型弹用尾杆裂纹分析 [J]. 国防制造技术，2010 (3)：54-57.

[61] 秦会常，胡亚民，孟祥岩，等. 40Cr 重载车轴断裂失效分析 [J]. 精密成形工程，2014，6（4）：63-68.

[62] 秦会常，贾波，王宝起，等. 车轴热轧裂纹分析 [J]. 精密成形工程，2013，5（2）：47-50.

[63] 姜锡山. 钢中非金属夹杂物 [M]. 北京：冶金工业出版社，2011.

[64] 师昌绪，李恒德，周廉，等. 材料科学与工程手册 [M]. 北京：化学工业出版社，2004.

[65] 胡赓祥，钱苗根. 金属学 [M]. 上海：上海科学技术出版社，1980.

[66] 秦会常，刘卫军，杨宇飞，等. 某型 7A04 铝合金壳体裂纹分析 [J]. 国防技术基础，2018，44（2）：72-76.

[67] 秦会常，赵建强，刘福永，等. 某型攻坚弹弹体裂纹分析 [J]. 国防技术基础，2016，35（5）：37-41.

[68] 秦会常，李宗江，刘镇海，等. 某型弹体工件失效分析 [J]. 国防制造技术，2012（增刊）：134-137.

[69] 陈祝年. 焊接工程师手册 [M]. 北京：机械工业出版社，2002.

[70] 徐祖耀. 相变原理 [M]. 北京：科学出版社，1999.

[71] 冯端. 金属物理学 [M]. 北京：科学出版社，1998.

[72] 姚春臣，段良辉，王海云，等. 带环形底圆筒开裂的原因分析 [J]. 锻压技术，2009，34（4）：45-46.

[73] 姚春臣，钟建武，徐劼，等. 某产品发动机壳体水压试验异常破裂失效分析 [J]. 兵器材料科学与工程，2014，37（增刊）：99-102.

[74] 肖乾发，张奇锋，佐齐生，等. NIV 型平列双扭簧延迟断裂分析 [J]. 理化检验（物理分册），2011，47（6）：392-394，398.

[75] 姚春臣，何茂坚，李长亮，等. Mo1 钼喷管破裂失效分析 [J]. 弹箭与制导学报，2017，37（增刊1）：126-130.

[76] 王海云，姚春臣，鲁蔚，等. T250 马氏体时效钢空地导弹发动机壳体的试制 [J]. 弹箭与制导学报，2014，34（增刊）：167-170.

[77] 杨昭，王海云，姚春臣，等. 热强钛合金管形件壳体的锻造成形试验研究 [J]. 兵器装备工程学报，2017，38（12）：301-304.

[78] 王海云，阮滢滢，王梦琳，等. 发动机水压爆破强度不足的原因分析 [C] //克莱夫·伍德利. 2018 国际防务技术会议论文集. 北京：兵器工业出版社，2018：383-386.